図説 世界史を変えた50の鉱物

Fifty Minerals that changed the course of History

エリック・シャリーン
Eric Chaline

上原ゆうこ 訳
Yuko Uehara

◆著者略歴
エリック・シャリーン（Eric Chaline）
歴史および哲学のジャーナリスト、ライター。著書に、『禅の本』『神々の本』『古代世界トラベラーズガイド──古代ギリシア』『図説世界史を変えた50の動物』などがある。現在、イギリスのロンドンに在住、ロンドン・サウスバンク大学で社会学の大学院研究指導にあたっている。

◆訳者略歴
上原ゆうこ（うえはら・ゆうこ）
神戸大学農学部卒業。農業関係の研究員をへて翻訳家。広島県在住。訳書に、『癒しのガーデニング』『消費伝染病「アフルエンザ」──なぜそんなに「物」を買うのか』（以上、日本教文社）、『ヴィジュアル版世界幻想動物百科』（原書房）、『化学・生物兵器の歴史』（東洋書林）が、共訳書に、『マンガ 聖書の時代の人々と暮らし』『自然から学ぶトンプソン博士の英国流ガーデニング』（以上、バベルプレス）がある。

FIFTY MINERALS THAT CHANGED THE COURSE OF HISTORY
by Eric Chaline
Copyright © Quid Publishing, 2012
Japanese translation rights arranged with Quid Publishing Ltd., London
through Tuttle-Mori Agency, Inc., Tokyo

図説
世界史を変えた
50の鉱物

●

2013年 2月25日　第 1 刷
2014年11月30日　第 3 刷

著者………エリック・シャリーン
訳者………上原ゆうこ
装幀………川島進（スタジオ・ギブ）
本文組版………株式会社ディグ

発行者………成瀬雅人
発行所………株式会社原書房
〒160-0022　東京都新宿区新宿1-25-13
電話・代表 03(3354)0685
http://www.harashobo.co.jp
振替・00150-6-151594

ISBN978-4-562-04871-7
©2013, Printed in China

図説 世界史を変えた50の鉱物

Fifty Minerals that changed the course of History

エリック・シャリーン
Eric Chaline

上原ゆうこ 訳
Yuko Uehara

原書房

目次

はじめに	6
ダイヤモンド *Adamas*	8
銅 *Aes cyprium*	12
青銅 *Aes brundisium*	16
アラバスター *Alabastrum*	22
明礬(みょうばん) *Alumen*	24
アルミニウム *Aluminum*	26
アスベスト *Amiantos*	30
琥珀(こはく) *Anbar*	34
銀 *Argentum*	38
粘土 *Argilla*	44
砒(ひ)素 *Arsenicum*	48
アスファルト *Asphaltos*	52
金 *Aurum*	56
チョーク *Calx*	64
石炭 *Carbo carbonis*	66
珊(さん)瑚(ご) *Corallium*	72
象牙 *Eburneus*	74
スレート *Esclate*	80
鉄 *Ferreus*	82
カオリン *Gaoling*	90
グラファイト *Graphit*	94
石(せっ)膏(こう) *Gypsatus*	96
水銀 *Hydrargyrum*	100
カリウム *Kalium*	104
大理石 *Marmor*	106

真珠層 *Nakara*	110		塩 *Salio*	170
ナトロン *Natrium*	114		フリント *Silex*	176
黒曜石 *Obsidianus*	120		鋼(はがね) *Stahl*	182
オーカー *Ochra*	126		錫(すず) *Stannum*	188
石油 *Petroleum*	128		硫黄 *Sulphur*	192
燐(りん) *Phosphorus*	136		タルク *Talg*	196
白金 *Platinum*	140		チタン *Titanium*	198
鉛 *Plumbum*	142		ウラン *Uranium*	202
プルトニウム *Plutonium*	146		翡翠(ひすい) *Venefica*	208
軽石 *Pumiceous*	150		タングステン *Wolfram*	214
石英 *Quartzous*	152		亜鉛 *zink*	216
ラジウム *Radius*	154			
砂 *Sabulum*	158		参考文献	218
			索引	220
硝石 *Sal petrae*	164		図版出典	224

はじめに

人間はレンガの壁のあいだでどれくらい長く繁栄できるだろうか。アスファルトで舗装された道を歩き、石炭や石油の煙を吸い、風や空や穀物畑のことなどろくに考えず、機械で作られた美、命の鉱物のような側面だけを目にしながら、成長し、働き、死んでいく。　　チャールズ・リンドバーグ（1902-74）

人類文明の歴史について語る方法はいくつもある。本シリーズではこれまでに植物（『世界史を変えた50の植物』）と動物（『世界史を変えた50の動物』）の観点から歴史を語ってきたが、3冊目の本書では鉱物に注目する。鉱物という言葉は、もっとも広い意味では、金属や合金、岩石、結晶、宝石の原石、有機鉱物、塩類、鉱石など、自然および人工のじつにさまざまな物質を包含する。

人類の起源

私たちの祖先にあたるヒト科の動物がいつどのようにして人間になったかという歴史の問題は、いまだに人類学者や考古学者のあいだで議論の的になっている。かつては言語、社会組織、感情、道具の使用と作製、表象にもとづく思考、自己意識といった能力で、人類を「もっと下等な」動物から区別できると考えられていたが、鳥類、鯨類、類人猿など、ほかにもそういった能力をもつ種がいることが明らかになっている。しかし、人類と同程度にまでこれらの能力を発達させて、自然環境を変え、事実上、進化の流れから抜け出した種はいない。人類による環境の改変は植物の栽培植物化や動物の家畜化から始まったが、文明が自給農業から都市生活、商品の生産と交易へ移行するにつれ、鉱物が重要視されるようになった。建築のために石が、道具や武器、そしてのちには機械のために金属が、エネルギーのために炭化水素が、産業のために土類、鉱石、塩類が、通貨や装飾品のために貴石や半貴石、貴金属が使われるようになったのである。

人類学者は、形態学的変化と行動的変化がきっかけとなって、類人猿に似た祖先たちが現代人類へと変わっていくプロセスが始まったと考えている。ヒト以前の祖先たちがどのように考え、感じ、たがいにどのようにして心を通わせていたか再現することはできないが、道具――すくなくとも石のような耐久性のある材料から作られた道具――という物証から彼らの発達のレベルを知ることができ、最古の道具はおよそ260万年前のものと推定されている。人類の道具との

ビッグバン
1945年にウランの恐ろしい力が解放された。

芸術作品
粘土は、この古代マルタの土偶のような具象芸術を生み出すために人類が最初に使った材料である。

結びつきはさらにさかのぼることができるが、そのようなもっと早い時期の「道具」は、今日チンパンジーが使っているものと同様、作ったものではなく見つけたものなのかもしれない。だが、祖先たちがいったん道具を作りはじめると、自然界との関係はがらりと変わった。

金属の時代

過去260万年の大半の期間、人類の道具はおもに木、骨、フリント、黒曜石で作られた、もっと高度なもので構成されていた。今から約1万年前、「新石器革命」と呼ばれる時期に人類は永続的な定住をするようになり、狩猟採集生活に代わって農業と畜産が中心の生活様式になった。こうした変化に重要な役割を果たしたのが技術革新であり、日常生活のあらゆる領域に影響をおよぼした。

石器時代は銅、青銅、鉄といった金属の時代に道をゆずった。金や銀といった貴金属は現代では工業でも利用されているが、歴史的にはおもな用途は通貨と宝飾品で、ダイヤモンド、琥珀、珊瑚、翡翠、真珠のような宝石とともに世俗および宗教的な装飾で使われた。技術が進歩したにもかかわらず、人類はいまだに第1次産業革命を推進した鉱物燃料である石炭、そして第2次産業革命の動力源である石油にエネルギーを依存しているが、現在ではウランやプルトニウムといった核燃料で補っている。そのほかにも、古代から現代までの工業化の過程で人類は明礬、アルミニウム、アスファルト、砒素、ナトリウム、水銀、鋼などさまざまな金属、鉱石、合金、塩類を利用してきた。

駆りたてる力
金の誘惑は地の果ての探険と征服へと人類を駆りたてた。

ダイヤモンド
Adamas

分類：結晶、宝石の原石
起源：地球のマントル深部
化学式：C

◆ 産　業
◆ 文　化
◆ 通　商
◆ 科　学

　美しさと硬さの権化であるダイヤモンドは、決して錆びない金とともに婚約指輪に使われ、愛と結婚の純粋さと永続性を象徴する石として人気がある。大きなダイヤモンドは希少で、このため王族のもっとも好む宝石となり、洋の東西をとわず多くの王室の王冠や王笏(おうしゃく)の重要部分に使われてきた。

王妃にこそふさわしい

　1786年の「首飾り事件」は、王妃、枢機卿、詐欺師、娼婦がかかわるまったくのスキャンダルだった。問題のネックレスはフランスの先王ルイ15世（1710-74）が愛人のために注文していたものだが、品物の引渡しも代金の支払いもされていなかった。この事件で利用されたのが好色な聖職者ロアン枢機卿で、詐欺師のラモット伯爵夫人がある娼婦に王妃マリー・アントワネット（1755-93）のふりをさせ、枢機卿を説得して王妃の代わりにこの素晴らしいネックレスを入手させた。宝石商が支払いを要求すると、王妃はこの件については何も知らないと言い、詐欺が発覚した。ロアンは無罪になったが面目を失い、ラモットは投獄されたが逃亡した。王妃は無実だったが、評判をひどく傷つけられた。この事件は、1789年の革命によるフランス君主制の崩壊を早めた多くのスキャンダルのひとつである。

リッツ・ホテルほどもある超特大のダイヤモンド

　1905年1月のある日の夕方、南アフリカのプルミエ鉱山で抗夫が岩壁から大きな結晶を掘り出した。この結晶は非常に大きかったため、鉱山の監督フレデリック・ウェルズは価値のない天然ガラスのかけらだと思った。しかし詳しく調べてみると、重さが621.35g、3106.75カラットもある、それまで発見されたなかで最大の良質なダイヤモンドであることが判明した。その日はたまたま鉱山の所有者サー・トマス・カリナンが訪れていて、この驚くべき発見物は彼の名にちなんでカリナンと命名された。F・スコット・フィッツジェラルド（1896-1940）の1922年の短編小説『リッツ・ホテルほどもある超特大のダイヤモンド』に出てくる山ほどの大きさのダイヤモンドにはかなわない

ブリリアントカット
完璧なダイヤモンドの魅力にまさる宝石はない。

が、カリナンはとほうもなく高価なダイヤモンドだった。鉱山はそれをトランスヴァール（現在の南アフリカ）政府に売り、そして政府は植民地の支配者であるイギリス国王エドワード7世（1841-1910）に献上した。

イギリスへの輸送中に盗もうとする泥棒の裏をかくため、偽物が厳重に警備されて船で送られる一方で、本物は書留郵便で王のもとへ発送された。安全にエドワードのもとに届くと、この未加工の宝石を分割し、カットし、研磨しなければならなかった。王はこの細心の注意を要する仕事をアムステルダムのアッシャー社にまかせた。ヨーゼフ・アッシャーは2度目の挑戦でカリナンをふたつに分割することに成功し、さらにカットして大きな宝石を9個ともっと小さな石を96個得た。巨大な530.20カラットのカリナンI「キング・エドワード7世」はイギリス王室の王笏にはめこまれ、317.40カラットのカリナンIIはイギリスの王や女王の戴冠式で使われる国王冠の輪の部分にはめこまれた。カリナンIII〜IXはさまざまなかたちで王冠にとりつけられたり、女王エリザベス2世が装身具として身につけたりした。

カリナンからは王者にふさわしい最大級のダイヤモンドが生まれたが、王族が身につける宝石としては新参者といえる。カリナンが発見されるまでは105カラットのコーイヌール（「光の山」の意）が世界最大のダイヤモンドだった。これは11〜13世紀に北インドで掘り出されてヒンドゥーの王族が所有していたもので、女神の目としてはめこまれていた。インドが中央アジアから侵略してきたイスラム教徒に敗北すると、このダイヤモンドはこの国のいくつものイスラム王朝で支配者の所有になったが、それも彼らが今度はイギリスの力に屈するまでのことだった。19世紀中頃にイギリス軍はこの石を戦利品として獲得し、ヴィクトリア女王（1819-1901）に献上した。このダイヤモンドには、この石は呪われていて、それを身につける男性の支配者はみな滅ぼされると

王家の宝石
最大級のカリナンはイギリス王室の王笏や王冠で燦然と輝いている。

金鉱探しなんてどうでもいい… 私はダイヤモンドがいい！
いつか金本位制なんて終わるかも。
メイ・ウェスト、女優

いう伝説がある。しかし、女性には呪いの力はおよばず、イギリス人は賢明にもこのダイヤモンドを女王や王妃の王冠にはめこんだのである。

ダイヤモンドは何世紀ものあいだ王侯貴族の身を飾っていたが、19世紀に生産量が増加し20世紀に生活水準が向上したことで、ダイヤモンドの宝飾品ははるかに多くの人々にとって手のとどくものになった。証拠のある最初のダイヤモンドの婚約指輪の使用は15世紀のヨーロッパにまでさかのぼるが、この習慣が広まったのは1930年代になってからである。今日、金とダイヤモンドのひとつはめの指輪（ソリテール・リング）は愛の絆の強さと永続性を象徴し、アメリカやヨーロッパ諸国においてもっとも人気のある婚約の証でありつづけている。

圧力のかかった石炭

その最高無比の性質にもかかわらず、ヘンリー・キッシンジャー（1923生）がいみじくも述べたように、「ダイヤモンドは石炭の塊に圧力をくわえることによって完成する」。ダイヤモンドの化学式はCで、それはつまり石炭やグラファイトと同じように純粋な炭素でできているということだが、地中深くのマントル内で非常に大きな圧力がかかって生まれた強固な炭素である。ダイヤモンドを含む岩石が火山から噴出されることによりダイヤモンドが地表にもたらされ、数百万年のあいだに風や雨の浸食を受けて広範囲にこの宝石の原石が散乱したのである。

ダイヤモンドの硬さと透明さは、その八面体の結晶構造（ふたつの完全なピラミッドの底と底が合わさった形を想像してほしい）に理由がある。伝統的に無色のダイヤモンドが宝飾品用として最高の評価を得ているが、不純物によってさまざまな色がつくことがあり、もっともよくあるのが黄色と褐色で、きわめてまれなのが青、黒、ピンク、赤である。近年、オークションでダイヤモンドとしては最高ともいえる価格で青とピンクの石が落札されている。伝統的に用いられているダイヤモンドの測定単位がカラットで、1カラットは0.2グラム（200ミリグラム）に相当する。1907年にメトリック・カラットが国際標準として採用され、1

世界のきわめて有名なダイヤモンド
1　グレート・ムガル
2および11　リージェント
3および5　フロレンティン
4　南の星
6　サンシー
7　ドレスデン・グリーン
8　コーイヌール（当初の姿）
9　ホープ
10および12　コーイヌール（現在の姿）

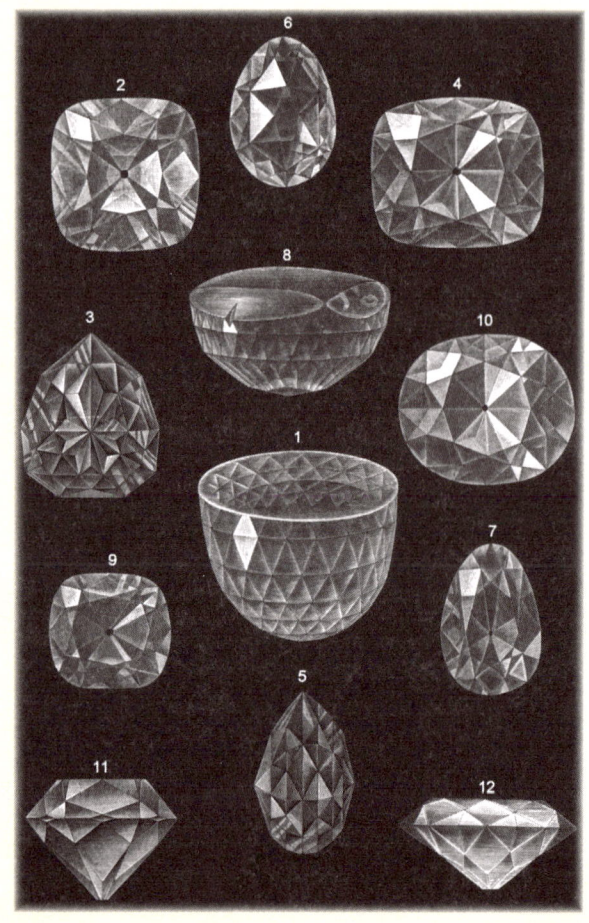

カラットはさらに100ポイントに分割され、1ポイントは2ミリグラムに相当する。硬いことで知られるダイヤモンドは、従来はほかのダイヤモンドでのみカットすることができたが、今ではレーザーでも加工できる。ヨーロッパでダイヤモンドのカット職人のギルドがはじめて組織されたのは14世紀で、以来、ベルギーのアントウェルペンが世界のダイヤモンド・カッティングの中心地でありつづけている。原石から宝石を作る工程は、その品質とサイズと色を最大限保つことができるものでなくてはならない。石を内部の劈開面（へきかい）にそって割るか鋸引きをしたら、別のダイヤモンドで研磨する「胴削り」をして丸い形にする。それからカットし、石に切子面を入れて最終的な形にし、磨いて十分に輝かせる。コーイヌールのような昔の石は、最初のカットでその輝きが完全には引き出されていないため、みごととはいいがたい。1852年にヴィクトリア女王の夫君アルバート公がコーイヌールの再カットを指示し、サイズが186カラットから105.602カラットへと40％も小さくなった。石の輝きは大きく増したが、アルバート公は結果にがっかりし、女王のために石をブローチにはめこませた。

19世紀に天然ダイヤモンドの供給が増え、20世紀には高品質の合成および模造ダイヤモンドの製造法が知られるようになったことにより、現在ではこの石の希少性、価格、ひいては魅力が低下してしまった。しかし2011年に天文学者が、どんなに鈍感になったコレクターも満足するほど大きな宇宙のダイヤモンドを発見した。銀河系内の4000光年離れたところに崩壊した星の残骸があり、この惑星サイズのダイヤモンドは大きさが地球の5倍もあるのだ。

完璧
内包物がほとんどない未カットの天然ダイヤモンドの顕微鏡写真。

血と涙

何世紀ものあいだダイヤモンドをめぐって戦いや殺人が行なわれてきたが、数十年前から、戦争や深刻な社会不安に苦しむ地域で採掘された新たな種類のダイヤモンド——「血塗られた」ダイヤモンドあるいは「紛争」ダイヤモンド——が出現している。大多数はアンゴラ、シエラレオネ、コンゴ民主共和国、ジンバブエといったアフリカの国々で採掘されたものである。紛争ダイヤモンドの販売が続けば、さらなる戦争や反政府運動の財源になり、関係地域の荒廃と貧困を継続させる破壊のサイクルを誘発することになる。

銅
Aes cyprium

分類：遷移金属
起源：自然銅、および銅を含有する鉱石
化学式：Cu

◆ 産　業
◆ 文　化
◆ 通　商
◆ 科　学

　石器時代は260万年続いたが、人類は、はじめて永続的な定住をするようになると、新しい材料を利用して道具や武器、装飾品を作りはじめた。それが銅である。豊富にあって誰でも手に入れられる石とは異なり、銅は採掘するか交易で手に入れる必要があり、銅の加工が銅鍛冶師という専門職の階級と、金属製品を注文し購入することのできる富と権力をもつ男女の階層を生み出した。

アイスマン発見
　1991年9月19日、イタリアとオーストリアの国境にあたるアルプスの氷河を登山していたふたりのドイツ人旅行者が、通常の道からはずれた近道をたどっていくと、深い溝があってその中に何かあるのが見え、最初は前に来た人がすてたゴミか何かだと思った。しかし近づいてみると、その物体は氷からつき出した人間の頭部と上半身であることがわかった。死骸の保存状態が非常によかったため、登山者も現場にやって

常温加工
人類は最初は純粋な自然銅を冷鍛によって加工した。

来た山岳救助隊や警察も、現代の死亡者、つまり油断のならないアルプスで不幸な最期をとげた遭難者だと思った。死体が氷から取り出され、地元の死体保管所へ運ばれてようやく、その死骸が今から約5300年前にこの地域に住んでいた男性のミイラ化した遺体だということに当局は気づき、まもなくそのミイラは発見されたエッツ渓谷にちなんでエッツィと呼ばれるようになった。5300年前というと、ヨーロッパは先史時代の金石併用時代あるいは銅器時代と呼ばれる時期である。

探鉱者
もしかしたらエッツィは、氷のなかで最期を迎えたとき、銅を探していたのかもしれない。

貴重品
エッツィの持ち物でもっとも貴重なものは銅製の斧で、道具であると同時に恐ろしい武器でもあった。

　金石併用時代は、新石器時代（1万-7000年前）と、近東で約5300年前、ヨーロッパではそれから1世紀遅れて始まった青銅器時代のあいだの時期である。金石併用時代は、人類が銅の加工法を発見していながら石器の使用を続けた時代と定義される。新石器時代のあいだに人類は町や村で農業と共同生活を基礎とする定住の生活様式を発達させた。それは人類に新たなチャンスと困難をもたらした。困難のひとつが、すぐ近くで手に入らない食糧や原材料をどうやって得るかという問題である。それを解決したのが、異なる共同体や文化を結びつける最初の交易の発達だった。定住がもたらした利点には生活水準の向上と余暇時間の増加があり、それによって新しい技術の開発が可能になり、なかでももっとも重要なのが冶金術であった。

　考古学者は、金石併用時代は人間社会において社会的階層化が始まった時期だとしている。石に比べて銅は供給も使用もむずかしい。その上、専門家が加工する必要があり、専門家はその専門知識ゆえに彼ら自身リーダーだったかもしれないし、作ったものを権力と富をもつエリート層に売ったかもしれない。銅自体が社会の階層を生み出したわけではないが、人類の定住によって始まった階層化の傾向を促進したのである。衣服と持ち物から、考古学者はアイスマンのエッツィは高い地位にある人物で、もしかすると族長か銅鍛冶師だったのではないかと考えている。この時代によくあることだが、エッツィはイタリアからもたらされた上質のフリントの短剣のほかに金属製の斧も持っ

利益を生む鉱山
アメリカのニューメキシコ州にあるチノの露天掘り鉱山は、毎年数万トンの銅を産出している。

ていた。斧は長さ60cmで、先に長さ9.5cmの鋳造した銅の刃がついている。それ自体恐ろしい武器だが、この斧は木を切るために使うこともでき、30分で1本切り倒すことができて切れ味が鈍ることもなかった。

キプロス・コネクション

古代にはキプロス島が地中海世界におけるきわめて重要な銅の供給地だったため、この金属のラテン語の名称 aes Cyprium つまり「キプロスの金属」がのちに短縮されて cuprum となり、英語の「銅」copperが生まれた。銅が金とともに人類によって最初に加工された金属になった理由はいくつかある。銅は地球上にきわめて豊富にあり、地殻の中に8番目に多く存在する金属元素で、いくつもの鉱石に含まれている。大多数の金属が灰色なのとは異なり、銅は魅力的な赤、黄、あるいは橙色をおびた色あいをしており、腐食すると炭酸銅の緑青（ろくしょう）によって緑色になる。また、銅は地表に「自然銅」という純粋なかたちでも存在する。自然銅は人口がきわめて多い地域ではまもなく使いつくされてしまったが、冷鍛［常温でたたくこと］によって容易に小物に加工できた。

かつては銅の加工法は近東で考案されてヨーロッパにもたらされたと考えられていたが、考古学的証拠により、この技術は近東とヨーロッパ、そして世界のほかの地域でそれぞれ独立して開発されたことが明らかになっている。かつては容易に手に入った自然銅が使いつくされると、人類は銅を含有する鉱石からこの金属を取り出さなければならなくなった。エッツィが住んでいたアルプス中部地方には銅の鉱石が豊富に存在し、繁栄する金石併用文明の中心地だった。エッツィがアルプスの高山で最期を迎えたのは銅鉱石を探す旅の途中だったという説もある。鉱石から銅を抽出するのは、地面にある銅の塊を探すのに比べればかなり複雑な作業である。おそらく人類は、顔料や土器を飾る釉薬として使うために色のついた岩石を砕いたり加熱したりしているうちに、岩石から銅やそのほかの金属元素がとれることを知ったのだろう。

> キュプロスは地味の豊かさではどんな島にも後れをとらず、ぶどう酒もオリーヴ油も豊富で、食糧も自給できる。タマッソスにある銅鉱は産出量も豊かで…
> ストラボン（前64-後24）『地誌』（西暦23）[『ストラボン ギリシア・ローマ世界地誌 II』飯尾都人訳、龍渓書舎]

銅を含有する鉱石を地中から掘り出したら、砕いて1000℃以上の木炭炉で何度も精錬して不純物をとりのぞき、純銅の大きな塊を作る必要があり、それは採掘現場で行なわれた。それからこの塊は、さらに加工したり別の集団と直接交易したりするために集落へ運ばれた。銅は比較的軟らかく、冷鍛によりビーズやピンのような小さなものに加工できたが、もっと大きなものの場合はひびが入るためこの手法は適さない。第一段階の技術では銅を加熱して加工しやすくするが、さらに複雑なものは鋳造によって作る必要がある。銅の塊を陶製か金属製の容器のなかで溶かして石か粘土の型に流しこみ、冷鍛で仕上げるのである。エッツィの斧の刃はそのようにして鋳造されたもので、刃の縁は冷鍛で成形されていた。

　金属の時代がもたらした社会的文化的変化は広範囲におよんだ。外的には、地域社会はたがいにかつてないほど結びつく必要が出てきた。内的には、生産、所有、商取引の記録をとる手段として原始的な文字体系の発達が促進され、社会が専門職の技能者や政治的、社会的、経済的エリート層、そして彼らに従属する層と、さまざまな階級や階層へ分化する社会の階層化が始まった。次項で見ていくように、銅は人類が作った最初の合金である青銅の主要原料として、人類文明の初期の発展に重要な役割を果たしつづけた。

銅で覆う

◆

　1886年に除幕式が行なわれたニューヨーク市を象徴する自由の女神像は、世界最大の銅像である。この像はフランスの彫刻家フレデリック・バルトルディ（1834-1904）が設計し、もともとは鋳鉄（ちゅうてつ）の骨組みの上を銅板で覆ってあった。銅は水や海水による腐食に耐えるため、理想的な材料だったのである。像のトレードマークである緑色はフランス語でヴェルディグリと呼ばれる炭酸銅の層で、空気と接触して形成され、それ以上腐食しないように金属を守る。1984～86年に女神像の大規模な修復工事が行なわれ、ひどく腐食した鋳鉄の骨組みはステンレス鋼と交換され、外装にも修理がほどこされた。

緑の女神
トレードマークである銅の緑青が、この金属がそれ以上腐食するのを防いでいる。

青銅
Aes brundisium

分類：銅と錫または砒素の合金
起源：人工
化学式：Cu（約90％）
　　　　　Sn（約10％）

◆ 産　業
◆ 文　化
◆ 通　商
◆ 科　学

冶金術は銅と金の加工から始まったが、文明に変革をもたらし、ずっと高度な技術開発への道に人類を踏み出させたのは青銅である。青銅は錫と銅の合金で、その生産は大規模な交易網の誕生と金属を鋳造し加工する新たな技術の開発を必要とした。道具と武器については紀元前1千年紀に鉄にとって代わられたが、青銅は今日でも鋳造彫刻に好んで使用されている。

第3の時代

ギリシアの詩人ヘシオドス（前8世紀に活動）によれば、はるかに幸福だった黄金の時代と銀の時代に続いて青銅の時代があったのだという。最初のふたつの時代の歴史的証拠はないが、青銅の時代という言葉は考古学者や歴史学者に採用され、第一に重要な技術、そして富と権力の源泉が青銅の冶金術だった時代が青銅器時代と呼ばれている。この時代は紀元前4千年紀の終わりから紀元前1千年紀まで続いた。ただし、インドや近東など世界のもっとも進んだ地域では、紀元前2千年紀の終わりまでに青銅は鉄にとって代わられた。ヘシオドスは、青銅の時代は人間が戦争の神アレス（ローマ神話ではマルス）を信仰していた争いの時代だったと書いている。そのことは歴史的考古学の記録によって裏づけられている。そして、青銅器時代にエジプト、メソポタミア、シリア、アナトリア、クレタ、ギリシア、インド、中国で最初の偉大な帝国文明が興った。

青銅は自然状態では存在しない合金で、およそ90％の銅と10％の錫で構成される。ごく初期の青銅は錫ではなく砒素を含んでいて、「砒素青銅」と呼ばれる。ただし、砒素青銅は錫青銅よりしなやかだが、同じ強度を得るためにより多くの硬化作業が必要なうえ、加工する人々にとって砒素が有毒だという欠点もあった。道具と武器の場合、青銅が銅や石にとって代わったのは、青銅のほうが原料を得るのも製造するのもむずかしいものの、強度があり、鋳造しやすく、用途が広いからである。青銅ならずっと複雑な鋳造物の

神話作者
はじめて黄金、銀、青銅の時代について書いた、古代ギリシアの詩人ヘシオドス。

小銭
硬貨は青銅の重要な用途で、青銅器時代ののちも長く続いた。

生産が可能で、新たな種類の道具や武器のほか彫像、楽器、装飾品も作られた。また、青銅は鉄器時代初期の錬鉄の道具や武器より強度があり、鋼が導入されるまで完全に消えることはなかった。青銅が鉄をしのぐもうひとつの長所は、銅と同様、いったん緑色の炭酸銅が金属の表面を覆ってしまえば、酸化に耐えることである。

　錫と銅が一緒に存在することはめったにないため、銅と合金にして青銅を作るには錫を遠く離れたところから輸入する必要があった。地中海世界の多くの地域で使用された錫はイギリス南西部のデボンとコーンウォールの錫鉱山のほか、スペイン北部やフランス北部の鉱山で採掘されたと考えられているが、近東やインドで使用された錫は中央アジアから輸入され、中国と東南アジアの場合はそれぞれに錫の鉱床があった。このような遠く離れた場所と交易するには古代世界の広範囲におよぶ交易網の発生が必要で、まったく異なる文化が直接接触することになった。いい換えれば、青銅の製造が、経済のグローバル化の最初の重要な段階のきっかけになったのである。船乗りたちが地中海東部から当時は地の果てだと思われていたブリテン諸島まで旅し、錫はのちに絹の道（シルクロード）となる道を通って近東やインドへ運ばれた。

　のちの時代には、錫青銅だけでなくアルミニウム青銅、マンガン青銅、

> ついでゼウスは人間の第三の種族、青銅の種族をお作りになったが、これは銀の種族にはまったく似ておらず、とねりこの樹から生じたもので、怖るべくかつ力も強く、悲惨なるアレースの業（戦いのこと）と暴力をこととする種族であった。（…）扱う武器は青銅製、その住む家も青銅製で、青銅の農具を用いて田畑を耕す。
> ヘシオドス（前8世紀頃活動）『仕事と日』［松平千秋訳、岩波書店］

この鐘を鳴らせますか？

◆

古代中国では、実用と儀式用の目的で多数の青銅製品が作られた。1977年に中国中部の湖北省で、工事労働者らにより、曽国を支配していた曽候乙（前430頃死亡）の未盗掘の墓が発見された。その副葬品の中に完全な編鐘があった。編鐘とは、木と青銅の支持枠から1組65個の調律された鐘をつるした楽器である。西洋の鐘の口が水平で横断面が円形なのとは異なり、編鐘の鐘は横断面がレンズ形で、口は斜めに切り落としたような特有の形をしている。比較的大きな鐘の外表面は対称にならんだ突起で飾られている。編鐘の鐘はほかの種類の鐘と違って、たたく場所によって2種類の音色を出すことができる。編鐘を演奏するには木槌をもった奏者が5人必要で、その大きさや古風な外見にもかかわらず、現代の楽器に匹敵する音域を出すことができる。

ネーバル黄銅［銅と亜鉛のほかに微量の錫も含む合金で、耐海水性にすぐれる］、珪素青銅など、ほかの青銅合金も何種類かでき、耐腐食性や電気伝導度が高いことを生かして、家庭用、工業用、軍事用、海事用のさまざまな用途で利用された。青銅は鋳造彫刻の材料としてもっとも人気があり、そうした作品はしばしば「ブロンズ」［青銅を意味する英語］と呼ばれる。ローマ人は青銅を*aes Brundisium*（ブルンディジウムの金属）と呼んだが、これはローマ帝国の重要な輸入および生産の地である南イタリアのアプリア海岸に位置する港湾都市ブルンディジウム（現在のブリンディジ）に由来する。

帝国の金属

その時代に書かれたものが残っていないため、新石器時代（前1万-7000）の国家や都市の政治的社会的体制を再現するのは不可能だが、考古学者たちはこれらの文化は比較的民主的で平等主義で、性別、地位、富や財産による社会的区別がほとんどなかったのではないかと考えている。たとえばトルコのチャタルヒュユクという大きな新石器時代の都市には、公共の建物や神殿はなく、住民は共同体的な暮らしをして資源を平等に共有していたらしい。

前の章で見てきたように、金石併用時代（前7000-5300頃）に銅を加工する金属の時代が始まると、冶金術師や金属製品を注文し買うことのできる裕福で権力をもつ人々の階層が、石の道具を使いつづける残りの人々から分かれる、社会の階層化が始まった。こうした傾向は青銅器時代にいっそう顕著になり、この時代にエジプト、メソポタミア、クレタ島のミノア、ギリシアのミケーネ、シリア、ヒッタイト、アナトリア、イランのエラム、インドのハラッパ、中国と、旧世界全体にわたって主要な帝国文明が興った。

これらの文明はすべて高度に中央集権化された君主制をとり、統治する王は入手可能な資源の大半を支配し、宮殿や神殿、巨大な墓の建設におしみなく使った。王の権力と富は、金や銀の支配以上に錫と銅と青銅の交易、そして青銅製品の製造の支配

たたき切る
青銅の戦斧は銅の斧よりずっとよい切れ味を保った。

に依存し、そのなかでももっとも重要なのが武器だった。銅は斧、ナイフ、のみ、矢尻の製造に適していたが、青銅はもっと強度がありながらしなやかで、まったく新しい武器である剣の生産が可能になった。剣はケルト人の支配するヨーロッパから中国まで、世界のいたるところに出現した。剣とともに青銅器の鎧と兜と盾も登場し、ずっとよい防具を与えられた兵士は石器時代の武器をもつ敵に対して非常に有利になった。青銅器時代に世界中で起こったもうひとつの軍事上の変化が二輪戦車の登場で、それより前に中央アジアで馬の家畜化が行なわれていた。

青銅器時代のこのふたつの発明は戦争を一変させた。ギリシアの叙事詩作家ホメロスの最高傑作『イリアス』（前8世紀頃）は、青銅器時代の2大強国であるギリシアのミケーネとトロイのあいだの戦争について書いている。馬が引く二輪戦車に乗り、青銅の鎧を身につけ、先が青銅の槍、弓矢、剣で戦うアキレス、ヘクトル、パリス、オデュッセウスが、トロイの戦場で決闘のようにして戦った。

中国の光り物
古代中国の青銅器は持ち主に富と権力があることを示した。

キンコーン
中国の墓で発見されたこの65個の青銅製の鐘のセットは、墓の主が非常に高い地位にあったことを示している。

彫刻家の選択
青銅は古代から彫刻家がもっとも好んで使ってきた金属である。

この時代の超大国であるミノア、ミケーネ、エジプト、ヒッタイト、フェニキア、バビロニア、エラム、ハラッパ、中国は、青銅の技術と交易を支配することで広大な領土を手に入れ、拡大するにつれてたがいに衝突するようになった。中央集権化と国際的な交易はより平和的な発展ももたらし、たとえばエジプトのヒエログリフ、メソポタミアの楔形文字、中国の甲骨や青銅器にきざまれた初期の漢字から、文字の進化が始まった。

文字は神格化された王の偉大な行ないを記録するためだけでなく、在庫管理や取引の契約書を書くといったずっと世俗的な目的のためにも必要だった。

青銅のもうひとつ重要な経済上の機能は、青銅器時代になってはじめて広く使われるようになった初期の硬貨への使用である。最古の青銅の硬貨は紀元前10世紀に中国で作られたもので、それ以前に通貨として使われていたタカラガイの貝殻の形をしていた。その後、中国の青銅の「コイン」は鋤(すき)や包丁のような形になり、それから現在でもなじみのある丸い硬貨の形になった。青銅の硬貨は紀元前6世紀のインドのほか古代トルコやギリシアでも鋳造され、エレクトラム［金と銀の合金］、金、銀とともに硬貨の鋳造に使用された。

青銅の芸術

青銅は芸術、とくに彫刻、装飾芸術、音楽の発展に重要な役割を果たした。ごく初期の装飾的な鋳造品として、中国の商王朝（前1600-1046）の青銅器がある。中国の青銅器には非常にこった装飾をほどこした食物や水や酒の容器、そして楽器があり、儀式に使用されたり、副葬品として埋められたりした。これらの作品の多くはロストワックス鋳造法［蝋で作った原型のまわりに耐火材をかぶせたのちに原型を融かし、できた空洞に溶融した金属を流しこむ］で作られ、この方法はのちにインド、エジプト、ギリシアで彫像の製作に使用された。古代ギリシアのブロンズ像はほとんど残存していないが、多くがローマ時代の模造品によって知られて

区分法の歴史

「青銅」の時代や「鉄」の時代という言葉は、古代ギリシアの文献だけでなく、ほかの旧世界の文化の伝承にも存在するが、歴史上の時代ではなく神話上の時代をさしていた。初期のヨーロッパの歴史を石、青銅、鉄の3つの時代に分ける方式が正式に使用されるようになったのは19世紀の初めである。1816年、デンマークの古物収集家クリスティアン・トムセン（1788-1865）が、のちにデンマーク国立博物館となる施設の責任者に任命された。トムセンは展示のためにコレクションを整理したとき、様式に注目して石器から鉄器への年代不明の進展として示すのではなく、年代順にならべようとした。ひとつの考古学的発見のすべての出土品を検討してその年代を決定しようとしたトムセンは、科学的考古学の基礎を築いた。

いる。今日でもまだ、ロストワックス法はブロンズ像製作に用いられている。古代中国では儀式用の楽器として青銅の鐘が鋳造され（18ページのコラム参照）、西洋ではベルメタル（鐘青銅）と呼ばれる青銅合金（78％の銅と22％の錫で構成される）が、耐腐食性とたたいたときの反響がよいことが理由で、教会の鐘を造る材料として好まれた。

青銅とそれに近い合金である黄銅（真鍮）[銅と亜鉛の合金]は現代も残っているが、青銅器時代とそのあいだに生まれた文明は「青銅器時代の崩壊」（前1200頃-1150）と呼ばれる大変動で消えてしまった。地中海東部、エジプト、シリア、ミケーネ、キプロス、ヒッタイト帝国、バビロニアといった強力な帝国や王国はみな滅び、錫と銅を手に入れるために作られた大交易網も失われた。地中海世界は最初の暗黒時代に入り、考古学者によれば、現在、一般に暗黒時代と呼ばれている西ヨーロッパにおけるローマ帝国の崩壊に続く数世紀より、はるかに暗い時代だったという。そして、近東とヨーロッパ南部でふたたび文明が興ったとき、それは青銅器とは別の金属、鉄を基盤とするものだった。

> 紀元前12世紀の地中海東部の青銅器時代の終焉は、歴史のもっとも恐ろしい転換点だったといってよいだろう。それを経験した人にとっては災厄だった。
> ロバート・ドルーズ『青銅器時代の終焉（The End of the Bronze Age）』（1995）

生き残り
めずらしく残ったギリシアの競技者のブロンズ像が、古代ギリシアの職人の技術の高さを証明している。

青銅 21

アラバスター
Alabastrum

分類：結晶、炭酸塩鉱物
起源：堆積岩および温泉の鉱床に存在
化学式：$CaCO_3$

◆ 産　業
◆ 文　化
◆ 通　商
◆ 科　学

現代の用法では、アラバスターという言葉はふたつのまったく別の鉱物をさす。別の項（96-99ページ参照）で扱う石膏のアラバスターと、本項で扱う方解石のアラバスターである。アラバスターは昔から半透明できめが細かいことで称賛され、古代には副葬品、彫像、容器を作るのに使われた。

墓の心配

古代エジプト人は、死者の埋葬とアフターケアのためにきわめて複雑な慣習を作り上げた。最初は手のこんだミイラ作りの手順とそれに関連する呪術的儀式——巨大な墓の建設とぜいたくな副葬品の用意——はファラオとその家族がすることだったが、のちにミイラ作りは大衆化され、貴族や平民も死後の生活のために防腐処理をされて石棺に葬られるようになった。こうした信仰の中心にあったのは、死者の霊魂が死後の世界で生きつづけられるように肉体を保存しておかなければならないという考え方である。ミイラ作りの手順については「ナトロン」の項（114-119ページ参照）で詳しく見ていくが、ミイラ師は筋肉組織、骨格、皮膚などの肉体を保存するだけでなく、遺体が腐敗し徐々にそこなわれていくのを防ぐため、おもな内臓をとりのぞいて保存した。内臓はカノポス箱あるいはカノポス壺と呼ばれる容器に入れられ、それはアラバスター製の場合が多かった。

> さて、イエスがベタニアで重い皮膚病の人シモンの家におられたとき、一人の女が、きわめて高価な香油の入ったアラバスターの箱を持って近寄り、食事の席に着いておられるイエスの頭に香油を注ぎかけた。
> 新約聖書『マタイによる福音書』26章6-7節

現代のニューエイジの信奉者がなんと主張しようが、エジプトの医学的知識はかぎられていた。人間の意識の中心は心臓にあると信じ、心臓は死後の世界でトト神による審判を受けるために、ミイラの中に残された。そのほかの内臓は取り出されて防腐処理され、ホルスの息子と呼ばれる神々にそれぞれ捧げられた4つ

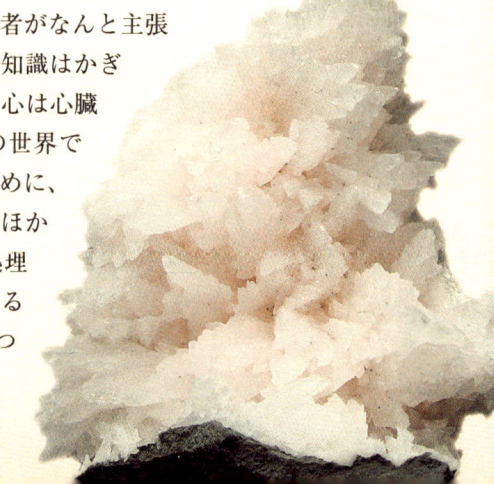

美しい肌
美しい肌の色つやはしばしばアラバスターにたとえられる。

の容器に入れられて、ハヤブサの頭をもつケベフセヌエフが腸を、ジャッカルの頭をもつドゥアムテフが胃を、ヒヒの頭をもつハピが肺を、人間の頭をもつイメステが肝臓を守った。エジプトの墓で見つかるそのほかのアラバスター製の品として、彫像、壺、化粧品を入れる瓶や壺がある。

最愛のマミー

古代エジプトで発見された驚くべきもののひとつが、巨大なアラバスターの塊をくり抜いて作った石棺である。とくに素晴らしいのが王セティ1世（前1279死亡）のために作られた石棺で、現在はロンドンのジョン・ソーン博物館に展示されている。

1925年に現在のカイロの郊外にあるギザ高原で発掘していた考古学者たちは、大ピラミッドを建設したクフ王（前2589-2566在位）の母親である第4王朝の王妃ヘテプヘレス1世の埋葬室を発見した。そこには金箔を貼った家具などの副葬品が豊富にあり、アラバスターのカノポス箱、そして密閉されたアラバスターの石棺があった。考古学者たちは大いに喜び、ピラミッド時代から残る最古の王族のミイラを発見したのだと思った。埋葬室が小さいことと墓の状態から、女王の最初の墓はおそらくギザの北のダハシュールにある夫のピラミッドの近くにあったのだが、埋葬後すぐに盗掘され、そのあとふたたびここに埋葬されたのだと考古学者たちは結論づけた。しかし、石棺を開くと中は空っぽだった。盗掘者はミイラを運び出して黄金の宝飾品や護符をはぎとったが、ほかの貴重な副葬品を盗む前に邪魔が入ったのだ。ところが、ファラオが母親のために供物として置いていった食物があることから、役人がファラオに母親のミイラがなくなっていることをあえて言わなかったのではないかと考えられる。わざわざ空の棺がダハシュールからギザへ運ばれて、地下30メートルの新たな埋葬室にふたたび埋められたが、本当は何が起こったのかファラオが疑うことはなかったのである。

古代と現代
エジプトのルクソールでは、今でもアラバスターを加工して観光客向けのみやげ物を作っている。

アラバストロン
◆

ガラスが広く利用できるようになる前は、アラバスターがその機能の一部を果たした。アラバスターの薄板が窓に使われたが、もっとも一般的な用途は容器や壺の材料だった。古代エジプトでは、アラバスターを彫って、ヤシの木の幹をまねた胴がふくらんだ瓶が作られ、化粧品、香油、香水を入れておくのに使われた。ギリシア人はこの種の瓶を最初にエジプトで作られたものにちなんで「アラバストロン」と呼んだが、陶器やガラスや金属で作った。エジプトやギリシアのものを手本にしたアラバストロンが、古代の近東やヨーロッパのいたるところで作られた。

明礬
Alumen

分類：無機塩類
起源：人工
化学式：$AB(SO_4)_2 \cdot 12H_2O$、$Al_2(SO_4)_3$
[Aは1価金属、Bは3価金属を意味し、たんに明礬といえばKとAl]

◆ 産　業
◆ 文　化
◆ 通　商
◆ 科　学

明礬という言葉は、産業、医療、食品技術、化粧品といったさまざまな用途で大昔から利用されてきたいくつもの無機塩類をさす。そのなかでも歴史的にもっとも重要なのが、糸や布を染色するときに化学的色留め剤として使用される硫酸アルミニウム（$Al_2(SO_4)_3$）である。

色への関心

現代社会では品物に色がついているのはあたりまえだが、新石器時代には大体において人間が作ったものは石のくすんだ灰色、粘土の地味な褐色や黄土色や赤、処理していない動物の皮や糸の灰色がかった白や黒あるいは褐色をしていた。初期の人類は自然の花や虫や鳥の鮮やかな色に魅了されただろうが、そんな色はとうてい出せないとも思ったはずだ。

もちろん、実用上、土器が褐色以外の色でなければならない理由はないし、布が灰色がかった白以外の色でなければならない理由もない。いずれにしても、色をつけることで形や機能が改善されるわけではないのだから。しかし人間というものは、とくに自然界に非常に近いところで暮らしていた人類史の初期においては、つねに機能性だけではすまない生き物だった。色はそれ自体喜びのもとであるだけでなく、昔の人々にとっては社会的地位（たとえば皇帝の紫）、信仰（たとえばイスラムの緑）、国への忠誠（いくつもの国旗にある赤、白、青）の区別を表現できるものだった。

結晶で爽やかに
明礬の結晶タワスは天然の消臭剤として販売されている。

糸から染めた

植物、鉱物、貝、昆虫など、さまざまな色あいの鮮やかな色を出せる自然の物質が多数存在する。しかし問題は、その色を永続的なものにして、その布を着たり、雨に濡れたり洗ったりしても溶け出さないようにするにはどうしたらよいかということである。天然の染料があるように、糸やできあがった布の色を定着させ、色をよくする天然の色留め剤つまり「媒染剤」がある（古くなった尿──次ページの引用句参照──の場合、厳密にどんな実験をしてそんな発見をしたのだろうと不思議だが）。もうひとつの天然の色留め剤が、多数ある「明礬」と呼ばれる化学物質のひとつ（硫酸アルミニウム）で、色あせない黄、緑、赤、ピンク、紫を得

あせない色
古くからの明礬の重要な用途のひとつが、ウールの糸や布に天然染料を定着させるための利用だった。

るために古代から多くの染色工程で使われた。

「dyed in the wool」という言いまわしは今では少しマイナスの意味にとられて、政治的社会的に保守的で、ものの見方をすぐには変えられない人をさすが、もともとは頼りになり揺るぎないという意味を含んでいた。この表現は織物業界で生まれたもので、布に織られる前に染められた毛糸をさすのに使われた。生産者にしてみれば、糸を染めることができれば糸の価値が上がるが、染色していない毛糸では安い値しかつかないだろう。中世のあいだ、毛糸と布の輸出がイングランドの経済的成功の基礎をなした。しかし、国王ヘンリー8世（1491-1547）が離婚するためにローマ教会からの独立を宣言したとき、王は知らないうちに、大部分が教皇領から来ていたイングランドの染色業者への明礬の供給を絶ってしまった。その代替にするため、イングランドの染色業者は硫酸アルミニウムの自然の供給源に目を向け、頁岩と人間の尿を組みあわせて使ったのである。

原始人がどんな偶然で塩、果物を発酵させた酢、天然明礬、古くなった尿が糸の色を定着させ、色をよくするのに使えることを発見したのか決してわからないだろうが、何世紀ものあいだ、これら4つの物質が媒染剤として用いられた。

ジル・グッドウィン『染色の手引き（A Dyer's Manual）』（1982）

においけしの結晶

カリウム明礬（$KAl(SO_4)_2$）は、カリ明礬あるいはタワスとも呼ばれ、天然の収斂剤で殺菌作用がある。近年、西洋でスプレー式や塗布式の化学消臭剤に代わる自然の消臭剤として販売されている。東南アジアでは何世紀も前からこのかたちで使われ、タワスは体臭の原因になる細菌を殺す。明礬はインドのアーユルヴェーダ医学ではサウラシュトリと呼ばれ、中国の伝統医学ではミンノァンと呼ばれて、外用でも内服でも処方される。

明礬 25

アルミニウム
Aluminum

分類：金属
起源：自然金属として存在するのはきわめてまれで、ボーキサイトから抽出されるのがふつう
化学式：Al

◆ 産　業
◆ 文　化
◆ 通　商
◆ 科　学

場所によって違うが、アルミニウムは地球上にごくふつうに存在する金属元素である。いたるところにあるにもかかわらず、純粋な金属として分離され生産されるようになったのは19世紀で、広く使用されるようになったのは20世紀にすぎない。現代社会においては、アルミニウムは家庭や職場のどこにでもある。20世紀中頃に出現した工業・消費社会に名前をつけるとしたら、「アルミニウム時代」と呼ぶことができるだろう。

アルミニウム時代の頂点

この時代の技術、商業、社会、芸術、経済的な成果をすべて包含するものがないかと、さまざまな製品を検討してみた。多くの構成部分がこの金属からできている飛行機？　それとももしかしたら、同じようにアルミニウムをあちこちに使用しているコンピュータ？　しかし、ちょっと考えてみたら、この消費社会と生活様式を代表するものとしてなによりもふさわしいと思える製品があった。ビールや炭酸飲料の容器として使われているアルミニウムの飲料缶だ。

飲料缶だというと読者はちょっとした冗談だろうと思うかもしれないが、考えれば考えるほど、それが本当にふさわしい品物だと思えてくる。第1に、飲料缶は少量の別の金属と合金にしたほとんど純粋なアルミニウムでできている。第2に、この缶は金属業界で現在製造されているごく一般的な大量生産品で、アメリカだけでも年間1000億個生産されている（アメリカ国民1人あたり1日に約1個の計算になる）。第3に、その製造工程は現代的オートメーションの驚異である。第4に、缶の中身（ビールや炭酸飲料）の機能、デザイン、マーケティングは消費者の生活様式を完璧に反映している。地球が突然隕石で破壊され、残った唯一のものが飲料缶1個だったとして、通りすがりの宇宙人の船が宇宙空間を漂うその缶にたまたま出くわしたら、乗員はそれを使って地球人の技術や文化、肉体的外見、生理学

貴重品
当初、アルミニウムは作るのが非常にむずかしく、金より高価だった。

缶入り
使い捨てのアルミニウム飲料缶は、かつては21世紀の使い捨て文化の完璧なシンボルだった。

や生化学的特徴の多くを再現することができるだろう。缶はかつては使い捨て文化の究極のシンボルだったが、今ではリサイクルにおいて先頭を走り、健全な地球環境や減少しつつある資源の保全への新たな心遣いのシンボルになった。

金より貴重

　アルミニウムは地殻にごくふつうにある金属元素だが、自然金属のかたちで見つかるのは非常にまれである。元素として特定されたのは19世紀初めにすぎず、イギリスの科学者で発明家のハンフリー・デーヴィー（1778-1829）が明礬（alum）の金属塩基であることを発見し、このためアルミニウム（aluminum）と呼ぶことにした。デンマークの科学者ハンス・クリスティアン・エルステッド（1777-1851）は、19世紀の第1四半世紀にはじめてアルミニウム金属を生産することに成功した科学者のひとりであるが、さまざまな抽出工程は時間と費用がかかり、得られる金属の量はわずかだった。19世紀前半には、アルミニウムは目新しいが実用的な利用場面がほとんどない高価な珍品とみなされていた。

13番目の元素

　ロシアのこの金属に対する熱意は、『アルミニウム——13番目の元素（Aluminum: the Thirteenth Element）』に見てとれる。まるまる240ページがこの元素のためにさかれたこの本は、モスクワに本社がある世界最大のアルミニウム企業ルサールによって刊行された。ニューヨークタイムズ紙のベストセラーのリストにのる見こみはないものの、この元素の古代から現代までの歴史をカバーし、特別に旧ソ連邦と現代のロシアのアルミニウム産業に言及している。ロシアはかつて世界一のアルミニウム生産国だったが、その後、中国に追いぬかれた。

頂の輝き
ワシントン記念塔には、当時生産されたものとしては最大のアルミニウム塊がかぶせられた。

しばらくはアルミニウムは金よりめずらしくて高価で、世界中の万国博覧会で誇らしげに展示された。ワシントン記念塔の建造者は、巨大なオベリスクの上に当時最大の鋳造アルミニウム塊をかぶせることにした。それは重さが2.85キロあり、記念塔の避雷針の働きをした。フランス皇帝ナポレオン3世（1808-73）がこの新しい軽金属に夢中になった理由は、軍事的な利用の可能性だけでなくその希少性にもあった。皇帝のある晩餐会では、ふつうの客は金のカトラリー（食卓用金物類）で食べなければならなかったが、賓客にはアルミニウムのカトラリーが出された。今では安物の鍋やフライパン、台所用品がアルミニウムで作られていることを考えれば、今日そのようなことをしたら、ひどい侮辱だと思われるだろう。

1886年にアメリカ人のチャールズ・ホール（1863-1914）とフランス人のポール・エルー（1863-1914）というふたりの発明家が、まったく別々に研究して、溶融させた氷晶石の溶液中のアルミニウム塩を電気分解することによりアルミニウムを生産する、商業的に見こみのある方法を考案した。その方法はホール・エルー法と呼ばれるようになり、まもなくこの方法を用いてアルミニウムが何千トンも生産され、コストが200分の1にまで下がって、アルミニウムを産業や家庭の広範な用途に使用できるようになった。アルミニウムは加工が容易で耐久性があり、耐腐食性が良好で、鉄や鋼より軽い。ごく初期に実際に利用されたのが建築の分野で、重量のわりに強度があることからとくに魅力的な材料になった。ホールとエルーの発見とその商業化は偶然にこの時期になったのではない。この方法は大量の電気を必要とし、その開発と商業化はヨーロッパと北米における大規模な電化と時期を同じくしていたのである。

ホイル
◆

アルミニウムを使ったもっともなじみのある家庭用品がアルミホイルで、イギリスでは誤って「ティン」ホイル（錫箔）と呼ばれることがあるが、それはアルミニウムにとって代わられる以前は錫製だったからである。アルミホイルは1910年にスイスではじめて生産され、アメリカでは1913年にはじめて生産された。アルミニウムで包装することにより、食品や飲物を光、酸素、細菌、悪臭から守ることができ、さらにそれ自体無毒で、製品の貯蔵寿命が大きく延びるという利点もある。

飛行機、列車、自動車

　現代社会ではアルミニウムには非常に広範な用途がある。家庭を見れば、たいていの台所に調理のためや残り物を包むためのアルミホイルがある。この金属は建築分野でも広く使われており、近代的な家やアパートに住んでいれば、ドアや窓枠はきっとアルミニウム製だろう。この金属は軽いため、航空機の設計のように構造にとって重量が決定的に重要な場合におのずと採用されることになった。自動車の車体にはじめてアルミニウムが使われたのは20世紀中頃までさかのぼるが、この金属の生産コストが比較的高いため大多数の自動車が鋼で生産された。しかし、20世紀後半に原油価格が容赦なく上昇すると、アルミニウム製の車体と部品を使えば軽量化できるため、現在では自動車産業においても経済的にこの金属の使用が可能になった。初のオールアルミ・モデルがドイツのアウディの組み立てラインから走り出たのは1999年のことである。科学は数多くの新素材をもたらしたが、アルミニウムの用途は広く、もう数十年アルミニウムの時代は続くだろう。

> そしてまもなく地球はビニール袋とアルミ缶と紙皿と使いすての瓶で覆われ、座ったり歩いたりする場所はどこにもなく、人間は頭をふって叫んだ。このひどいありさまを見ろと。
>
> アート・バックウォルド（1925-2007）

軽車両
石油価格が上昇を続けるなか、軽いオールアルミの自動車の対費用効果が高くなった。

アスベスト
Amiantos

分類：珪酸塩鉱物
起源：蛇紋石および角閃石族の6種類の鉱物から抽出される
化学式：$Mg_3(Si_2O_5)(OH)_4$、$Fe_7Si_8O_{22}(OH)_2$

◆ 産　業
◆ 文　化
◆ 通　商
◆ 科　学

神の摂理によって、さまざまな鉱物、それも技術発展の各段階に合ったものが人間に与えられたように思えるかもしれないが、数は少ないものの、人間にとって恩恵に思えた鉱物がじつは呪いだったとわかったこともある。そのひとつがアスベストで、それを使用したことで、史上もっとも複雑で費用がかかり長期にわたって続く、職業病および傷害の訴訟が起こった。

奇跡の繊維

古代ギリシア人とローマ人は、アスベスト（もっと正確にいえばアミアントス）の織物が火によってそこなわれないことを知っており、アスベストは邪悪な影響を寄せつけない魔法の物質だと考えていた（33ページのコラム参照）。また、この鉱物には実用的な用途もあり、弔いのランプに使ういつまでももつ芯や、火葬のときに死者を包む布が作られた。この布を用いて遺体を焼けば、遺灰を薪の灰から分離しておけたのである。1世紀のローマの著作家で博物学者の大プリニウスは、この鉱物についての記述で多くの間違いを犯したものの、アスベストの織り手が呼吸疾患に苦しんだことをはじめて書いた人である。このように早くからアスベストによる健康被害が知られていたにもかかわらず、先進国でアスベストの使用が規制されるまでには、2000年の時と数えきれない死をへなければならなかった。

数は少ないが、中世にアスベストの衣について言及したものがある。5世紀以来はじめて西ヨーロッパで「ローマの皇帝」となった皇帝シャルルマーニュ（カール1世、742-814）は（ただし彼自身はフランク人で、西ローマ帝国に終焉をもたらした蛮族の子孫である）、アスベストでできたテーブルクロスをもっていた。食事のあとでテーブルクロスを火の中に投げ入れてきれいにし、無傷で炎からひっぱり出して客たちを驚かせるのが好きだったのである。教皇アレキサンデル3世と中央アジアにあるキリスト教国の支配者と信じられていた伝説のプレスター・ジョンは、どちらもアスベストで織られたローブをもっているといわれた。

工業化以前の時代には、アスベストが希少であったことと、人間の平均寿命がずっと短かったことがあいまって、

利用
アスベストは古代から知られていたが、大規模に産業利用されるようになったのは19世紀になってからである。

悪者の繊維
アスベストの繊維は布に織られて断熱材として使用された。

この鉱物にさらされることで起こる病気は最小限にとどまっていたのだろう。先進国で産業利用が広まったのは19世紀にすぎない。最初は織物に織られて断熱材として使われた。20世紀にはアスベストは建築で広く使用され、耐火被覆材、コンクリート煉瓦、パイプおよびパイプの断熱材、床張り材、天井、屋根、庭園家具、耐火乾式壁などに使われた。1950年代にアメリカのタバコブランドであるケントがはじめてフィルターつきのタバコを導入し、特許を取得した「マイクロナイト」フィルターにアスベストを使用した。環境中のアスベスト粒子のもうひとつ重要な原因が、1990年代まで自動車のブレーキパッドとシューの製造に使われていたアスベストである。

不滅の建材DURASBESTOSを使った住宅にどうぞ。塗装が不要で、耐火性で、シロアリが繁殖しないため、木材よりすぐれています。簡単にすばやく修理できてむだがないため、**経済的です。**
あるアスベスト製品についてのオーストラリアの新聞広告、1929

アスベストはひとつの鉱物ではなく、クリソタイル、アモサイト、アンソフィライト、アクチノライト、クロシドライト、トレモライトという6つの異なる繊維状鉱物の総称である。クリソタイルの繊維は蛇紋石系(巻き毛状)で、ほかの5つの繊維は角閃石系(針状)である。クリソタイルは「白石綿」とも呼ばれ、地殻にもっともふつうにあるアスベスト鉱物で、アスベスト製品の95％を占める。残りの5％は南アフリカで採掘される「茶石綿」ことアモサイト、南アフリカとオーストラリアで採掘され人間にとってもっとも危険な「青石綿」ことクロシドライト

からなる。現在、世界をリードしているアスベスト生産国はカナダとロシアである。

見えない殺し屋

アスベストは、砒素や水銀で知られているように体の組織や臓器を攻撃して破壊することによってすばやく殺す毒ではない。たいていアスベスト関連の病気による障害や死は、長期にわたってこの鉱物にさらされたことが原因で起こる。被害者の大半は、アスベストの採掘や製造の現場で働いてきた男女と、アスベスト労働者の衣服や体に付着して家にもちこまれた埃にさらされてきた家族である。リスクのあるもうひとつのグループは、日ごろからアスベストを扱ったり除去したりしている建設労働者で、マスクや防護衣を着用せずに建物の改修をした場合である。ただし、自宅の改修をしていてアスベストにさらされたことがあるかもしれない読者に言っておくが、1回さらされただけでは病気になる可能性は非常に低い。

アスベストの繊維は、きわめて細く壊れやすい分子の格子でできている。できあがったアスベスト製品を運搬しただけでも、繊維が乱されて肉眼では見えない微細な破片になり、環境中に放出されて人間が吸いこむ原因となる。アスベスト繊維への長期間の曝露と石綿肺および中皮腫のふたつの病気とのあいだに関連性が認められている。石綿肺は、アス

ゆっくりだが致命的
アスベストが関係する病気は、この鉱物の微細な繊維に長期にわたってさらされることによって生じる。

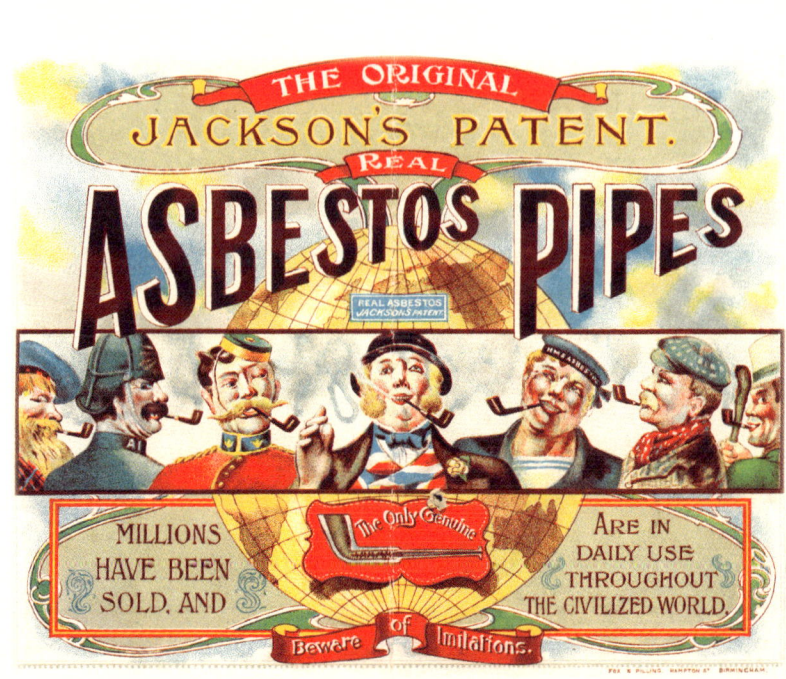

死の煙
アスベストはかつて、パイプやタバコのフィルターのような喫煙関連商品の製造に使われていた。

ベストの繊維による傷が原因で生じる肺の慢性的な炎症である。かなり進行した重篤な症例では、肺活量の減少から呼吸困難や心不全が生じ、死につながることもある。中皮腫は、内臓を覆う保護層である中皮の、アスベストが関与する癌である。中皮腫の症状は、アスベストにさらされてから20〜50年たつまで現れないこともある。

アスベストの危険性についてのプリニウスの警告は、19世紀まで注意をはらわれなかった。1899年にイギリスの病理学者モンターギュ・マレーがアスベスト工場の労働者の遺体について検死を行ない、その男性の肺の中にアスベストの繊維が認められ、それが死に寄与したと考えられると証言した。その後のアメリカとイギリスでの症例によって、病気とこの物質との関連性の証拠が増えていったが、はじめてイギリスで石綿肺の診断がなされたのは1924年になってからである。1940年代には、アスベストと中皮腫とのあいだに強い関連性があることが明らかにされた。それまでにもアメリカの主要なアスベスト製造業者は労働者への危険性を認識していて、費用を出してアスベストが関係する病気について独自に医学的調査をさせていたが、わかったことは秘密にするというのが条件だった。1940年代から1980年代にかけて、アメリカのアスベスト企業は医学的証拠を表に出さずにすませ、アスベスト労働者と一般国民を守る法律の制定に反対するロビー活動をして成功した。

1980年代、先進各国の政府はようやくアスベスト製品の輸入と使用を規制する行動を開始した。欧州連合、日本、オーストラリア、ニュージーランドはアスベストの使用を完全に禁止し、学校や病院そのほかの公共の建物、そしてのちには個人の家からもアスベストを除去する法律を制定した。しかし残念ながら、多くの開発途上国でアスベストが広く使われつづけている。1989年にアメリカの環境保護局はアスベストの段階的禁止規則を公布した。しかし、この規則については異議申し立てが起こされて1991年に法廷で無効とする判決がくだされ、このためアメリカではまだ消費財にアスベストを使用することができる。アスベスト労働者による最初の訴訟は1920年代に始まった。集合代表訴訟は現在も続いており、史上もっとも複雑で長い訴訟事件となって、アメリカだけでも推定2000億ドルの費用がかかっている。

名前に何が？

◆

絶対的正確を期せば、アスベストはアミアントスと呼ぶべきである。ローマの博物学者大プリニウス（西暦25–79）は誤って、水と接触すると熱くなる生石灰（酸化カルシウム）のギリシア語名であるアスベストス（「消すことができない」の意）を、ギリシア人にアミアントス（「純潔な」の意）と呼ばれ、火に耐える織物を織ることができる繊維状の物質の名称とした。プリニウスは、この物質には魔法の力があり、「呪文、とくにマギの呪いから守ってくれる」と書いている［マギとはペルシアの祭司階級のこと］。そして、またしても誤って、それは植物であって鉱物由来ではないと信じていた。

琥珀
Anbar

分類：有機鉱物
起源：樹木の樹脂が化石化したもの
化学式：$C_{10}H_{16}O$

◆ 産　業
◆ 文　化
◆ 通　商
◆ 科　学

琥珀は有史以前の樹木の樹液が化石化したもので、有機物起源の半貴石である。琥珀はバルト海と地中海世界を結ぶ「琥珀の道」にそって交易され、新石器時代から珍重されてきた商品である。現代では模造品や偽物が多いが、とくにロシアやバルト海沿岸地域では、今でも本物の琥珀が装身具用の石として人気がある。

天然のプラスティック

色ガラスやプラスティックが発明される前は、琥珀は神秘的ななかば魔法の鉱物に見えただろう。磨くと、最高級のものは魅力的な半透明の金褐色、蜂蜜のように豊かでなめらかな色あいをおびる。それほど高級でないものは不透明な黄褐色をしている。琥珀は軟らかいため楽に彫刻でき、再加熱してさまざまな形に加工することも可能である。琥珀は何千万年も前の樹木やシダ類の樹液が化石化したもので、ときには「内包物」すなわち樹液が固まるときに閉じこめられた有機物が存在することもある。もっとも人気があるのは、大昔に絶滅した昆虫や無脊椎動物のような動物の内包物である（引用句参照）。こうしたものは珍品としての価値があるだけでなく、通常の化石のような平面ではなく完全な状態で標本が保存されているため、科学的にも大きな関心を呼んでいる（残念ながら、哺乳類や爬虫類の絶滅して久しい種をよみがえらせる手段にはならないだろう。次ページのコラム参照）。

琥珀は紫外線にさらされると、青、黄、緑、赤など産地によって異なる色の蛍光を発する。ドミニカ共和国産の琥珀の特徴は直射日光のもとで見ると虹色に変化する青色をしていることで、このため「ブルー・アンバー」と呼ばれるが、直射日光に透かして見るとバルティック・アンバー（バルト海沿岸産の琥珀）と似た金褐色をしている。この色は琥珀自体

> 王の墓よりむしろ琥珀の中に多くの蜘蛛や蝿、あるいは蟻が閉じこめられて永久に残っているのはどうしたわけだろう。
> フランシス・ベーコン（1561–1626）

3Dの化石
有機物の内包物、とりわけ昆虫が含まれていると、琥珀の価値が増す。

の色素によるものではなく、文字どおり光のトリックで、光が琥珀の中をさまざまな方向に通過するためにそう見えるのである。

　残念ながら現代になって琥珀の価値が低下したのは、琥珀が人工のプラスティックやポリマー樹脂に似ているからである。琥珀は外見の独自性を失っただけでなく、現代の材料を使えば非常に簡単に偽物を作ることができる。詐欺師は多くのトリックを考え出して、不注意な人やかつがれやすい人をだましてきた。純然たる偽物にくわえ、コーパルと呼ばれる未完成の琥珀も本物といつわってつかませる。コーパルも樹脂が固まったものだが、できはじめてからそれほどたっておらず、なかには数百年しかたってないものもある。コーパルの構造は完全には安定しておらず、そのため本物ほど緻密でも強くもない。さらに、本物の琥珀は加熱して再加工することができ、いくつかの小片を合体して大きなものにすることができるし、コーパルと組みあわせて複合品を作ることもできる。詐欺師は偽物の価値を高めるために、植物や動物の内包物をくわえて、現代の昆虫を先史時代の祖先だといつわることもある。琥珀とプラスティックを見分けるもっとも簡単で破壊しなくてすむテスト法は、紫外線を照射して蛍光を発するか確かめるやり方である。

琥珀の王

　琥珀を意味する英語アンバー（amber）は、アラビア語のアンバールに由来する。ただし、アラビア人は

恐竜と琥珀

◆

　『ジュラシック・パーク』の小説（マイクル・クライトン著）と映画では、科学者は琥珀の中に保存されていた蚊から血液を採取し、それからDNAを抽出して恐竜をよみがえらせた。それは理論上は可能だが、残念ながら現在の技術では実際にやりとげることはできない。琥珀中に発見された最古の蚊に似た昆虫は今から約1億年前のもので、その頃、たしかに地球に恐竜が生息していた。だが（そしてこれはじつに重要なことだが）、たとえ琥珀内に封入されていてもDNAは劣化し、採取された恐竜のDNAは不完全で配列が変わっており、おまけに蚊自身の遺伝物質と混ざっているため、再現するのはきわめてむずかしいか不可能なのである。

世界8番目の不思議

◆

ロシアのサンクト・ペテルブルク郊外にあるエカテリーナ宮殿の琥珀の間は、かつて「世界8番目の不思議」と呼ばれた。もともとは18世紀にプロイセンの王のために造られたこの部屋は、金の細工がほどこされた6トンのバルティック・アンバーでできたパネルと装飾で構成され、ロシア皇帝ピヨートル1世（1672-1725）に贈られた。部屋はのちのロシアの支配者たちによって美しく装飾され拡張されて、第2次世界大戦まで宮殿の中心的存在でありつづけたが、ドイツ軍によって持ち去られ、のちに破壊されたと推測されている。2003年にプーチン大統領が、バルティック・アンバーで細部まで再現する琥珀の間の復元を開始した。

琥珀とマッコウクジラが分泌する物質で香水産業で使われるアンバーグリス（龍涎香）を混同していた。考古学者は、バルト海から地中海にいたる、現在「琥珀の道」と呼ばれる道にそって琥珀の交易が始まったのは新石器時代（1万-7000年前）だと推定している。もっと有名な中国と地中海世界を結ぶ「絹の道」と同様、琥珀の道も1本の道ではなく、北ヨーロッパから南へ延びる陸と河川の道のネットワークである。絹の道で取引きされた商品と同様、琥珀はバルト海から、たとえばツタンカーメン（前1341頃-1323）の墓で琥珀が発見されたエジプトまで、はるばる全行程を商人が運んだわけではない。隣国とのあいだで天然石と完成品の両方のかたちで取引きされながら、バルト海沿岸の産物を南ヨーロッパや近東へ運びエジプトやレヴァント［地中海東岸地域］の品物をスカンディナヴィアやロシアへ運ぶ複雑な商品交換網を徐々に南へ進んでいったのである。

1099年に第1回十字軍は、小規模な西洋の侵略軍を止めることより内部の権力抗争に熱心な分裂状態のイスラムの帝国から、聖地エルサレムとキリストの墓、そして現在のトルコ南部にあたる地域の大部分、アルメニア、レバノン、シリア、イスラエルを奪回した。エルサレムはメッカとメディナに次いで3番目に重要なイスラムの

復元
ロシアの琥珀の間はドイツ軍に持ち去られたが、細部まで入念に再現された。

北の宝
バルティック・アンバーはチュートン騎士団にとって重要な富の源泉だった。

聖地であり、その陥落にショックを受けたイスラム諸国は反撃を開始した。しかし、ウトラメール［第1回十字軍後に設立されたレヴァントの十字軍国家群の総称］の諸国は13世紀末までなんとか存続する。十字軍の遺産のひとつは、十字軍に参加して聖地を奪回し防衛したテンプル騎士団、聖ヨハネ騎士団、チュートン騎士団など、騎士団がいくつもできたことである。

　近東から追い出された騎士団は、ヨーロッパで新たな役割を見出した。イスラムの西への拡大を妨げるという使命を果たしつづけた騎士団もあるが、チュートン騎士団のように、まだ一部がキリスト教化されていないヨーロッパ北部に住みついた騎士団もある。テンプル騎士団と同様、組織の統制がとれたチュートン騎士団は強力で、地元の支配者に挑んでみずからの国を築く力をもっていた。1387年に北ヨーロッパ最後の異教徒を改宗させたのちは、騎士たちは政治的権力を拡大して商業帝国を発展させることに力を注ぐようになった。そして、15世紀初めまでバルト海沿岸と南および東ヨーロッパのあいだのもうかる交易を支配し、取引きしていたきわめて価値のある商品にちなんでみずからを「琥珀の王(ロード・オヴ・アンバー)」と呼んだ。だが、ポーランドやリトアニアといった新興の民族国家がもっと安定してくると、支配するチュートン騎士団に挑むようになった。そして、ポーランド軍とリトアニア軍は1410年のグルンヴァルトの戦いで騎士を破ったのである。それでもこの騎士団は19世紀初めまで残り、ついにはナポレオン1世（1769-1821）によって解散させられた。

本物か偽物か
宝飾品の材料として人気のある琥珀は、現代のポリマー樹脂を使えば簡単に偽物を作ることができる。

琥珀　37

銀

Argentum

分類：貴金属（遷移金属）
起源：自然銀として存在するのはまれで、通常は鉱石から抽出される
化学式：Ag

◆ 産　業
◆ 文　化
◆ 通　商
◆ 科　学

古代より銀は硬貨の鋳造に使われてきた。紙幣が導入されるまでは、銀貨が重要な交換手段だった。紀元前5世紀にギリシアで豊かな銀鉱石の鉱床が偶然に発見されたことで、歴史の流れが変わり、西ヨーロッパの文明が維持される一因になった。今日、銀は金や白金よりはるかに価値が低いものの、依然として宝飾品、家庭で使われる装飾品、食器類、スポーツのトロフィー、メダル、記念硬貨の製造に好んで使われる金属である。

帝国の襲撃

紀元前5世紀にギリシア東部のアッティカ地方で偶然に銀が発見されなかったら、世界はまったく違ったものになっていたかもしれない。歴史上ヨーロッパが近東やアジアから受けた脅威といえば、5世紀のフン族のアッティラ（453死亡）によるローマ帝国侵入、7世紀の好戦的なイスラム教徒のヨーロッパへの侵入、そして13世紀のモンゴル軍の侵入のことを思い出すだろう。しかし西洋世界に対する最大の脅威は、ペルシア帝国が西洋文明の「発祥の地」である古代ギリシアの都市国家アテナイを2度にわたって征服しようとした紀元前5世紀までさかのぼる。紀元前480年にアテナイは陥落し、ペルシア軍は嬉々としてアクロポリスを打ち壊し、古い神殿や彫刻を焼いて、アテナイを跡形もなく破壊した。

しかし、アテナイの住民と軍は賢明にも都市を放棄して逃げており、アテナイとその同盟軍は2度のまれにみる勝利、ヨーロッパ文明の未来にとってきわめて重要な勝利をあげる。ひとつはサラミスの海戦（前480）、もうひとつはプラタイアでの陸戦（前479）である。このふたつの戦いは、ペルシア帝国の執拗な西への拡大を止め、帝国を致命的に弱体化させて、紀元前4世紀にマケドニアのアレクサンドロス大王（前356-323）がペルシア王ダレイオス3世（前380頃-330）を破り、ギリシアから現在のパキスタンまで広がるヘレニズムの帝国を築く道を開いたのである。

しかし、ギリシアがそれまでの世界史上最大の帝国ペルシアの力に単独で立ち向かった、紀元前499年まで時計を巻きもどしてみよう。当時、ギリシアは統一された国

不純な金属
金塊のかたちで存在する金とは異なり、銀は他の金属、とりわけ鉛も含む鉱石のかたちで存在する。

ギリシアの勝利
ペルシアの侵略軍が敗北したことで、アレクサンドロス大王によるペルシア帝国の征服が可能になった。

家ではなく、ギリシア本土、エーゲ海の島々、小アジア（現在のトルコ）の沿岸地域イオニアを含む、都市国家や島国家の寄せ集めだった。何世紀ものあいだギリシア人は外敵に対してよりむしろ自分たちでたがいに戦うことのほうが多かったが、征服と滅亡の脅威から一時的に団結した。イオニアはペルシアの圧力に屈し、ダレイオスの支配を甘んじて受けたが、その忠誠はつねにペルシアが勝利している時の一時的なものだった。ペルシア戦争（前499–449）の最初の頃は、ペルシアの思いどおりに事が運んでいるように見えた。ペルシア帝国は、アテナイをはじめとするギリシアの都市に支援されたイオニアの反乱を簡単に鎮圧し、でしゃばったギリシア人を罰するために前進した。帝国は近東とエジプトの支配によって得た膨大な富と、かなりの兵力をもっており、そのなかにはインドの象部隊も含まれ、はじめてヨーロッパ陣営に対する戦いに登場した。

ダレイオス1世（前550–486）が動員した大軍を止めるのは不可能に見え、すぐにギリシアは敗北すると思われた。ギリシアの背後で成長しつつあった西ヨーロッパ世界は、当時、イタリア半島南部とシチリア島とガリア（フランス）南部のギリシア人植民地、北アフリカのカルタゴにあったフェニキア人の王国とそのイスパニア（スペイン）南部の植民地、イタリア中部のエトルリア人とまだ一部しか文明化されていないラテン人、そしてイタリア北部、ガリア、イベリア半島、ブリタニアのケルト人で構成され、アテナイとスパルタが敗れていたら、ペルシアにはまったくかなわなかっただろう。

パックス・ペルシアーナ？

ダレイオスかその後継者クセルクセス1世（前519–

銀の25年

◆

西洋では銀は結婚25周年を表わすのに使われ、銀の価値の高さが示されている。銀婚記念についての最古の言及は中世ドイツにまでさかのぼり、結婚して25年たった夫婦の友人や家族が妻に銀のリースを贈った。平均寿命が40歳にも満たなかった中世においては、それほど長く夫婦でいるのはめずらしいことだったのである。

銀 39

銀本位制

◆

共和制および帝政期のローマで鋳造されたデナリウス銀貨は、3世紀までローマ世界の主たる通貨単位であった。ローマの都市や地方は卑金属で硬貨を鋳造することは許されたが、金貨と銀貨の発行権はローマの執政官と皇帝が保持し、それで役人や兵士に俸給を支払い、帝国の広大な道路網や建設事業の資金にあてた。ローマという国家は、このふたつの貴金属の供給を管理しその相対的な価値を設定することにより、統治する広大な領土の効果的な経済支配を維持することができたのである。

造幣
デナリウス銀貨は西ローマ帝国で主要通貨単位として使われた。

465)のもとでペルシアが勝利していたら、世界の歴史は興味をそそられるものになっていただろう。まず、旧世界はアレクサンドロス大王によってヘレニズム化されずに、ダレイオスとその後継者によって「ペルシア化」されただろう。ペルシア人は映画『300〈スリーハンドレッド〉』(2007)では異様な姿で描かれたが、風変わりな服を着て厚化粧をし、刺青をいくつもして顔にピアスをしている血に飢えた怪物ではなかった。(戦史を書いた)ギリシアの勝利者にとって、ペルシア人はアジア的な専制、退廃、腐敗といった点で最悪のものの象徴だったが、ダレイオス3世に続いて既知の世界の支配者となったアレクサンドロスも、同じように専制的で暴力的で腐敗していたことがわかっている。ちょうどダレイオスとクセルクセスがそうするおそれがあったのと同じようにギリシアの独立とアテナイの民主制を終わらせ、数々の征服によって、さらに専制的で暴力的で文化的画一主義のローマ帝国のための地ならしをしたのである。

多くの古代帝国の建設者と同様、ペルシア人も征服した人々に自身の言語、宗教、制度を押しつけて文化的に統一された帝国を作ろうとはしなかった。ひとつの国を占領すると、サトラップと呼ばれるペルシア人の総督を任命してもとの支配者と交代させたが、現地の制度やエリート層を通して統治した。非常に現実的な意味で、それは致命的な誤算だった。マケドニア人やローマ人の帝国のようなのちの帝国が被征服民に強制的にみずからの文化を押しつけたのに対し、ペルシア人はそうしなかったのである。しかし、だからといって、のちのもっと先見の明のあるペルシアの支配者も、ペルシア化を帝国が生き残る唯一の方法だと考えなかっただろうということにはならない。

ギリシア人はペルシア人を「野蛮人」と呼んだが、本当に野蛮なのはギリシア人のほうだった。ペルシアは紀元前4千年紀にまでさかのぼる古代エラムの文化を受け継いでおり、帝国にはバビロニア、エジプト、フェニキアといった近東の最古の文明も含まれている。それに比べるとギリシア人は、数学、哲学、民主制においては偉業をなしとげたものの、未開の新参者だった。ペルシア人はゾロアスター教を信じ、これは人間や動物の姿をした多数の神ではなく、善と悪、光と闇の対立を基本とする二元論をとる洗練された宗教である。ゾロアスター教は一神教ではないが、ユダヤ教、キリスト教、イスラム教という3つの「聖書宗教」の歴史において、基礎をなす重要

な役割を果たした。そして建築、芸術、文学のようなほかの分野においても、ペルシアは古典期ギリシアに十分に対抗できた。したがって、ペルシアが支配する世界は大きく違ってはいただろうが、かならずしもそれほど文明化されていない世界でも洗練されていない世界でもなかったはずである。

アテナイの「木の砦」を頼みにせよ

　紀元前483年頃、アテナイ人はギリシアでは非常にまれな金ではなく、アッティカ地方の東海岸にあるラウレイオン（ラウリウム）で、銀を含有する鉱石を豊富に埋蔵する鉱床を発見した。アテナイ人は「民主制」の発明者としてよく知られているが、それにはただし書きをつけなければならない。アテナイでは外国人、女性、抗夫、奴隷、狂人には選挙権が与えられておらず、このためアッティカ地方［アテナイ周辺の地方、アテナイの支配下にあった］の推定50万人の人口のうち「選挙民」は約4万3000人だった。そして、エクレシアすなわち民会はアテナイの町の中にあるプニュクスの丘で開かれ、町の外に住んでいる人がいつも参加するのはむずかしかったはずだから、おそらく実際に参加した人数ははるかに少なかっただろう。民会の定足数は市民6000人で、紀元前483年に運命を決する集会に参加したのはおそらくそれくらいの人数だっただろう。

　民会は、選挙で選ばれた執政官と将軍の指導のもと、思いがけず授

銀の裏づけ
世界の金が少ない地域では、通貨は銀地金によって裏づけられた。

幸運を掘りあてる
アテナイの富は、アッティカ地方東部にあるラウレイオンの銀山によってもたらされた。

かった銀をどうするか決めなければならなかった。投票して自分たちのあいだで利益を分けることもできたが（正直いって私たちなら多くがそうしただろう）、テミストクレス（前524頃-459、下の引用句参照）の雄弁に動かされて、あっぱれなことに民会は投票でその現金を使って200隻の軍艦を建造することに決め、そのうち100隻が紀元前480年までに造られた。ペルシア軍が2度目の侵入の準備をすると、ギリシア人はどうすべきかデルポイでアポロンの神託をうかがった。神託は、アテナイの町を運命にゆだねて「木の砦」を頼みにせよというものだった。

正しい投資
アテナイがペルシアに勝利したのは、多数の新しい戦艦に投資したからである。

少数の保守的な人々が、これはアクロポリスの岩と聖域を守る木の柵を意味していると解釈し、アクロポリスに籠城する準備をした。だが、多数派は、木の砦はアテナイの新しく建造された艦隊のことだと受けとめて、海を渡ってサラミス島の比較的安全なところへ避難した。アテナイの艦隊は、数ではほぼ2対1でペルシア軍に負けていたが、スピードでまさり、よく武装し、機動性にすぐれた三段櫂のガレー船だった。その後の戦いでギリシア軍はペルシア軍を狭いサラミス海峡に誘いこみ、そこではペルシア軍の数の優位は強みというより障害になった。思うように動けずに艦隊は乱れ、失うものが何もない意を決した敵に攻撃されたペルシア軍は、壊滅的な敗北を喫し、300隻もの船を失った。陸上で黄金の玉座にすわって戦いを見ていたクセルクセスは、不敗の陸軍をアジアへ退却させざるをえなかった。クセルクセスは、海軍力の優位なしにギリシアの抵抗に打ち勝つことはできなかったのだと悟った。

そこでまず手始めに彼は、ラウレイオン銀山から上がる収益はアテナイの市民が自分たちの間で分配する習慣であったのに、民会に出かけて行って、孤立無援ながら大胆不敵にも、分配は差し控えそれを資金に（…）三段橈船を建造すべし、という動議を出した。（…）百隻の三段橈船が例の金(かね)で建造されたのであるが、[後に、アテナイ軍が]クセルクセスに海戦を挑んだのはこの艦船によった…

プルタルコス（46頃-120）『プルタルコス英雄伝』より「テミストクレス」[『プルタルコス英雄伝 上』村川堅太郎編、筑摩書房]

ラウレイオンの銀の遺産

　アテナイの都市自体は破壊されたが、アテナイ軍とその同盟軍は戦争に勝利し、ペルシアの軍事力は永久に弱体化した。同盟の盟主であるアテナイは最大の海軍力でエーゲ海地域全体を支配しつづけ、みずからの帝国を興した。勝利によりアテナイの民主制はほかの形態の政府にまさるものとして歓迎され、18世紀のフランス、イギリス、アメリカの建国者たちや民主改革を求める者たちは古典期アテナイから発想を得た。

　芸術の面でも、アテナイの勝利は同じように広い範囲に影響をおよぼした。アテナイの政治を40年間牛耳ったペリクレス（前495頃-429）が指揮するアテナイの「黄金時代」には、荒廃していたアクロポリスの神殿が再建されてパルテノンとエレクテイオンの栄光を世界に知らしめ、ローマから18〜19世紀の新古典主義まで、古典建築のモデルになった（106-109ページ「大理石」の項参照）。芸術、戯曲、文学のあらゆる領域で、西ヨーロッパの文化は古典期アテナイの恩恵をこうむっている。この都市とその栄光は1456年にギリシアがイスラム勢力に征服されたのちにほとんど消えてしまったが、ラウレイオンの銀のおかげで、アテナイの民主制と文化の理想と偉業は近代において西洋文化の基礎になるほど十分長く存続し開花したのである。

アテナイの富
アテナイがペルシアに対し軍事的勝利を得たことで、膨大な量の富がこの都市に流れこんだ。

銀の世紀
ラウレイオンの銀山では19世紀まで採掘が続いた。

銀　43

粘土
Argilla

分類：フィロ珪酸塩
起源：ゆっくりとした鉱物の堆積と浸食
化学式：$Al_2(SiO_3)_3$

◆ 産　業
◆ 文　化
◆ 通　商
◆ 科　学

最初の人間は神または女神に似せて粘土から作り出されたという話はキリスト教だけのものではなく、アジア、アメリカ大陸、アフリカ、近東の宗教の伝承にもある。粘土が選ばれたことは、初期の人類にとって粘土がいかに重要であったかを示す証拠であり、粘土は容器や調理用の鉢、彫像、楽器を作るのに使われた。日干し煉瓦や焼成煉瓦、あるいは屋根瓦のかたちで、粘土は先史時代から現在まで人類が使用してきたもっとも一般的で用途の広い建築材料である。

酢マンモス

考古学的記録によれば、人類と粘土の関係は食物や水を入れる容器や調理用の鉢のような実用品ではなく、焚火で低温で焼いた人間や動物の小像から始まった。チェコのドルニ・ヴェストニツェで出土した何千個もの小さな粘土の像や球（次ページのコラム参照）は砕けた状態で発見されており、呪術的儀式で意図的に破壊されたのではないかと考えられている。フランスのラスコーの洞窟で発見された少しのちの時代の動物の絵（約1万7300年前）も、同様の儀式的な目的で描かれたと考えられている。チェコの小像は永続的な定住が始まる前の時代のものである。人々は狩猟採集生活をし、石や木や骨の武器や道具を使い、獲物の群れを追って生きのびていた。

考古学者たちが発掘したもっと古い時代の土器は中国の湖南省にある玉蟾岩（ぎょくせんがん）遺跡の洞窟から出土し、今から約1万8000年前のものとされている。この洞窟は後期旧石器時代（4万–1万年前）の後半にハンターの野営地として使われた。2009年に考古学者がふたつの大型土器の破片を発見し、これは深いゴブレット形の器で、付随して石の道具、

よい土
粘土の堆積層は世界中にあり、容易に利用できる。

> 主なる神は、土（アダマ）の塵で人（アダム）を形づくり、その鼻に命の息を吹き入れられた。人はこうして生きる者となった。
> 旧約聖書『創世記』 2章7節
> 『聖書 新共同訳』日本聖書協会

造形
この土偶のように初期の彫像は人間や動物の小像だった。

開放型の炉の炭と灰、動物の骨があったことから、おそらく旧石器時代の酢豚に相当するもの、いわば酢マンモスを調理するのに使われたと考えられる。世界最古の土器は日本の縄文時代（1万6000-2300年前）のものだと主張する説もある。おそらく、ほかの多くの人類の発明と同様、土器作りもいくつかの地域で独立して始まったのだろう。しかし、最初の土器が東アジアで生まれたのだとすれば、そこで世界最高級の陶器や磁器が生産されるようになったのはなるほどうなずけることである。

土器はアメリカ大陸、アフリカ、近東で独立して発達した。人類は手で形作ったり紐状にして巻き上げたりして粘土を成形して壺を作っていたが、今から6000〜8000年前にメソポタミアでろくろが発明された。初期の土器は焚火や簡単な焼成坑で比較的低い温度で焼いたため、ひび割れないように単純な丸い形にしなければならなかった。ずっと高温で土器を焼くことのできる専用の窯が開発されると、はるかに多様な形やデザインが可能になった。焼き物は今でもテーブルウェア、コーヒーやお茶の器、調理用の深皿や食事を出す皿、壺、装飾品などとして人気が高い。

神々の家

人類は永続的な定住を始めると、石や木のとぼしい地域では最適な建築材として粘土に目を向けた。世界一有名な太古の建物は粘土を焼いた煉瓦で造られた。

彼らは、「れんがを作り、それをよく焼こう」と話し合った。石の代わりにれんがを、しっくいの代わりにアスファルトを用いた。彼らは、「さあ、天まで届く塔のある町を建て、有名になろう…」と言った。

これは創世記の11章3〜4節［『聖書 新共同訳』日本聖書協会］にあるバベルの塔についての記述である。そのあとの節で、どちらかというと怒りっぽいヤーウェは、塔を建てた者たちの思い上がりを罰するため、

粘土のヴィーナス
◆

発見されている、人類が作った最古の焼き物は、鍋でも茶碗でもなくグラヴェット文化（約2万8000-2万2000年前）の小像で、チェコのドルニ・ヴェストニツェで発掘された。この豊満な女性像は「ヴィーナス」と呼ばれるが、その名をもつずっとのちのギリシア・ローマの女神とはまったく関係ない。この小さな像は高さ11センチで、大きな乳房、ふくらんだ腹、子どもを宿した腰をもち、近所のスーパーでショッピングカートを押して歩いているのを見かけそうな女性である。今日なら、もっと服を着ているだろうが。顔は2本の線がぞんざいに引かれているだけで、このため生きている人を描写したのではなさそうである。砕けた動物の像や粘土球とともに発見され、呪術的儀式に使われたのかもしれない。

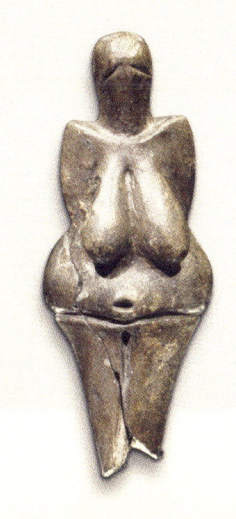

摩天楼
想像で再現されたバベルの塔は古代のジッグラトに似ている。

回転
土器の歴史におけるもっとも重要な出来事はろくろの発明である。

彼らの言葉を混乱させ、彼らを世界中に分散させた。聖書にあるような混乱と分散の考古学的証拠はないが、ジッグラト（文字どおりの意味は「高くした建物」）と呼ばれる日干し煉瓦と焼き煉瓦で造られた巨大なピラミッド型の構造が、メソポタミア（現在のイラク）とエラム（現在のイラン）で多数発掘されている。ジッグラトの前身はメソポタミアのウバイド期（8500年前頃-5800年前）の神殿や祭壇で、日干しの泥煉瓦でできた大きな方形の建物が基壇の上に建てられていた。

イラクの比較的乾燥した条件でも日干しの泥煉瓦はすぐに劣化し、古代シュメール人やバビロニア人は、建物をとり壊して地上から新しく建てなおすのではなく、古い建物を泥煉瓦で埋め、上に建て増してどんどん高くしていった。放棄されてくずれ落ち、その結果できた建物のレイヤーケーキは「テル」と呼ばれている。19世紀にヨーロッパの考古学者たちは、バベルやエレクのような旧約聖書で言及されている町を見つけようとしてテルを発掘し、ウルク、ウル、バビロンといった古代の都市を掘り出した。これらの都市の中心にはジッグラトがあって、重要な礼拝場所、そして町の守護神の「家」として機能し、そこに実際に神が住んでいると信じられていた。地下や内部に埋葬室があるエジプトの石のピラミッドとは異なり、ジッグラトは中身がつまった階段ピラミッドで、神殿の基壇の役割を果たし、神殿へは傾斜路や外側の階段で行くことができた。中心は日干し煉瓦で造られ、表面はさまざまな色の釉をかけた焼き煉瓦で覆われていた。彩釉煉瓦は装飾と中心の日干し煉瓦を保護する役目を果たした。

もっとも有名なジッグラト、そしておそらく聖書のバベルの塔のモデルは、エテメンアンキ（「天と地の礎の家」の意）すなわちバビロン

の守護神マルドゥクのジッグラトである。現在、このジッグラトはほとんど残っていないが、ギリシアの歴史家ヘロドトス（前484頃-425）によるこの建造物についての古代の説明では、その高さは91メートル、基部は91メートル四方となっている。それは7層になっていて色つきの彩釉煉瓦で覆われ、つながった3つの階段で登ることができ、頂上には大きな神殿があってそれは神の住まいだという。ヘロドトスによれば、この神殿にはマルドゥクの神像は安置してないが、大きな寝椅子と黄金の卓が置いてあって、神の「花嫁」たる人間が泊まるのだという。エテメンアンキは紀元前4世紀に、さらに大規模に再建するつもりだったアレクサンドロス大王の命令でとり壊された。しかし大王がまもなく死亡したため計画は中止され、19世紀にバビロンが発掘されたときに発見されたのはその巨大な基礎部分だけだった［アケメネス朝ペルシアの王クセルクセス1世は、反乱するバビロンを激しく攻撃し、破壊した。その後、アレクサンドロス大王がジッグラトを修復したいと考えたが、瓦礫を取り除くだけでも大変な労力と時間を要したため、再建できないうちに死を迎えた］。

祈りの家

◆

ジッグラトは泥煉瓦で造られた宗教建築の最古の例といってよいが、現在も使われている最大の泥煉瓦の礼拝所は西アフリカの国マリにあるジェンネの大モスクである。町の市場を見下ろすこのモスクは、高さ3メートル、75×75メートルの台の上に建てられている。全体が泥煉瓦でできていて表面になめらかに泥が塗られており、外壁にはヤシの杭が何本もつき立てられている。杭には装飾と毎年行なわれる修繕のための常設の足場というふたつの目的がある。この1世紀のあいだにかなり修復作業が行なわれたが、現存する建物は公式には1907年のものとされている。

世界最大
世界最大の泥煉瓦の建物、マリにあるジェンネのモスク。

粘土 47

砒素
ひそ
Arsenicum

分類：半金属
起源：自然砒素、および砒素を含有する鉱物
化学式：As

◆ 産　業
◆ 文　化
◆ 通　商
◆ 科　学

現代の読者は、「砒素」という言葉からヴィクトリア時代の卑劣な殺人のことを思い出すかもしれない。当時、邪魔な親や子ども、配偶者を始末したいと思う人々が、毒として砒素を好んで使ったのである。しかし、砒素にはもっとずっと長い歴史があり、先史時代や古代から医薬、芸術、化粧、産業の領域で利用されていた。

どっちつかずの元素

砒素は化学者から真の金属とみなされていないが、珪素（Si）やアンチモン（Sb）とともに「半金属」に分類される程度には金属の性質をもっている。毒物としての恐ろしい評判をもつにもかかわらず、自然砒素やさまざまな有機および無機の砒素化合物は環境中に比較的ふつうに存在する。土壌、植物、動物（とくに魚と貝）、そして人間の体内にも存在し、代謝において一定の役割を果たしている。古代中国、インド、ギリシア、ローマでは砒素は医療行為に使用され、古代の毒薬の処方は正確にはわからないが、おそらくその目的でも砒素化合物は使われていた。

西洋ではたんにゲーベルの名で知られているアラビアの錬金術師アブー・ムーサー・ジャービル・イブン・ハイヤーン（721頃-815頃）は、のちに「相続薬」と呼ばれるようになるものを最初に調合した人物である。相続薬は白色、無味無臭で高い毒性をもつ三酸化砒素（As_2O_3）で、自分が財産を相続できるように邪魔な親戚を始末したいと考える殺人犯が好んで使用した。このかたちの砒素には被害者が味や匂いで識別できないという大きな利点があったし、中毒の症状が20世紀より前の一般的な死亡原因である食中

> ARSENIC【砒素】名　女性にとっては効果的な美顔料。同時に身体をも効果的に冒す。
> 「砒素を飲むって？　いいともさ」
> 頷いてから彼は言う
> 「君が飲むなら賛成だ
> おれのカップに入れるより」――ジョエル・ハック
>
> アンブローズ・ビアス『悪魔の辞典』（1911）［『筒井版 悪魔の辞典』筒井康隆訳、講談社］

ありふれたもの
毒だと思われているにもかかわらず、砒素は環境中にごくふつうに存在する。

毒の壁紙
ナポレオンの死の原因は緑色の壁紙だったらしい。

ナポレオンの死

◆

　皇帝ナポレオン1世（1769-1821）は、セントヘレナ島に幽閉されていたときにイギリス人に殺されたのだろうか。ナポレオンの毛髪のサンプルが分析されて非常に高い濃度の砒素を含んでいることが判明し、毒殺の可能性が高まった。だがもっと有力な説明は、設備の整った皇帝の居住区域を飾っていたエンペラーグリーンと金色で彩られた壁紙にシェーレ緑と呼ばれる砒素顔料が使われていたからだというものである。この島のじめじめした気候で壁紙に生えたカビによって、砒素顔料がアルシンガスになり、ゆっくりとこの偉大な男を害したというのだ。ほかに、高濃度の砒素があったのはフランスへ戻る長い航海にそなえて遺体に保存処理をしたためだという、もっと平凡な説明もある。

毒や腸疾患、コレラの症状に似ているのも都合がよかった。

試行錯誤の殺人

　砒素はガスの状態で浴びせたり、皮膚に局所的にほどこしたり、食物や飲物にくわえたりできるが、殺人の方法として現実的なのは最後の方法だけである。砒素の致死量は125～250ミリグラムで、年齢や健康状態によって変わる。十分な量が与えられたときは被害者は頭痛を起こし、続いて体が毒を排出しようとするため嘔吐や下痢が起こる。しかし砒素が主要臓器に入ったら、発汗、脱水症状、発話困難、胃の痙攣、尿路や肛門の焼けるような痛み、痙攣、意識の混濁を生じ、その後24～48時間たたないうちに心不全や呼吸困難で昏睡や死にいたる。

　致死量に達していない場合は被害者が回復することがあり、それは体内に蓄積する水銀のような毒物とは異なり砒素は排出されるからで、被害者は完全に回復できる。しかし多くの場合、殺そうとする者はたいてい信頼されている配偶者や親戚で、症状が食中毒に似ているため、発覚を恐れずに量を変えて試してみることができた。長年のあいだに何人の人間が砒素で殺されたか正確にはわからないが、その数は数万人にのぼるに違いない。19世紀まで信頼できる砒素の検出法がなかったため、多くの殺人が発見されないままになったり症状が似た一

砒素を食べる人々

◆

19世紀に、オーストリア南東部のスティリア地方のアルプスから帰った旅行者が、現地の人々が致死的な量の三酸化砒素をまるで塩のように食物にふりかけていたと報告した。何年にもわたって少量ずつ摂取することで、250ミリグラムという致死量をかなり超える量にも耐えられるようになったのである。スティリアの男性は砒素によって精力と性的能力が増すと信じ、女性はグラマーになって肌の色つやがよくなると信じていた。

般的な病気による死だと誤診されたりしただろう。

毒殺の年代記において、抜きん出た存在であるボルジア家は世界で「最初の犯罪ファミリー」であった。このイタリアの一族には堕落した教皇アレキサンデル6世（1431-1503）もいて、枢機卿だったときに子どもを何人ももうけた。ボルジア家がその恐ろしい評判を得たのは、「カンタレッラ」という三酸化砒素を含むと考えられる毒薬をよく使ったからである。アレキサンデルの子どもであるチェーザレ（1476-1507）とルクレツィア（1480-1519）のふたりはカンタレッラを使ったことで知られており、美しいルクレツィアは中をくり貫いた指輪を使ってこの毒薬を犠牲者のワインに入れた。2世紀ののち、やはりイタリア人のジューリア・トファーナ（1659死亡）は、おそらく砒素とベラドンナから独自の毒薬「アクア・トファーナ」（「トファーナ水」）を調合し、夫を亡き者にしたがっている妻たちに売った。彼女は拷問を受けて、およそ600人の妻にもう役に立たなくなった夫を殺す手段を提供したと自白したのち、処刑された。

ファミリー
ボルジア家は世界で最初の犯罪ファミリーだといわれている。

産業災害

砒素はすでに「青銅」の項で出てきた。青銅器時代（5300-3200年前）の初期に、砒素は銅と合金にして「砒素青銅」を作るのに使われた。砒素と銅の両方を含む鉱石は地球上にごくふつうに存在し、人類はおそらく最初は偶然に合金を作ったのだろう。砒素をくわえることにより、できた合金は純粋な銅より強度があって鋳造しやすいうえに展性が大きくなり、金属に銀のような光沢を与えることもできる。砒素青銅は錫青銅が導入されてからも完全になくなったわけではなく、一部の文化では儀式や装飾目的の青銅の薄板を作るために使われた。

産業革命の頃の砒素化合物のもっとも一般的な用途は顔料と着色料だった。非常に需要があったのが「シェーレ緑」（亜砒酸銅、$CuHAsO_3$）で、1775年にドイツ系スウェーデン人の化学者カール・シェーレ（1742-86）がはじめて合成した。鮮やかなエメラルドグリーンの色は、壁紙（49ページのコラム参照）や壁かけ、内装用の織物、衣類に色をつけるのに使用された。毒性があるにもかかわらず、菓子や飲物用の食品着色料としても使われた。19世紀から20世紀初めにかけて、砒素中毒の大事件がいくつも起こっている。1858年、イギリスのブラッドフォードで三酸化砒素で汚染された菓子が原因で22人が死亡し、1900年にはマンチェスターで砒素を含むビールで6000人が中毒になった。そして1932年になっても、砒素殺虫剤の残留物を含むワインで、フランスの軍艦1隻の乗組員全員が中毒になるという事件が起こっている。

砒素中毒事件のなかには、殺人でも産業災害でもない、みずからまねいた中毒もある。少量の三酸化砒素は代謝を刺激する作用があり（前ページのコラム参照）、この事実を知っている中国やインドの伝統医療の施術者は、砒素をごく少量含む薬を処方する。

18世紀末に、あやしげな薬を売る自称「ドクター」ファウラーという男が「ファウラー水」という新薬を販売し、これには有毒な亜砒酸カリウム（$KAsO_2$）が含まれていた。なんでも治す万能薬として販売されたこの水薬は、肝臓の病気や高血圧症、癌をひき起こしたのではないかといわれている。この薬の被害者の可能性がある有名人がチャールズ・ダーウィン（1809-82）で、大人になってから何度も不可解な健康障害の時期があったのはファウラー水を常用していたからだとされている。

着色
砒素は画家が使うさまざまな色の顔料に入っている。

死の色
シェーレ緑を作るための主要材料である亜砒酸銅。

アスファルト
Asphaltos

分類：ピッチ
起源：死んだ微生物や藻類が圧縮されたもの
化学式：CS_2

◆ 産　業
◆ 文　化
◆ 通　商
◆ 科　学

現代社会では、アスファルトは道路やハイウエー、歩道の舗装に使われているアスファルトコンクリートの構成成分である。しかし歴史的には、アスファルトは中世初期のきわめて重要な兵器「ギリシアの火」の成分だった。

キリスト教世界の防壁

多くの西ヨーロッパ人にとって、5世紀の蛮族の侵入とイタリアにいた最後のローマ皇帝の退位で古典の歴史は終わる。このロムルス・アウグストゥス（460頃–490頃）というたいそうな名前をもつ皇帝は、名前にローマの建国者と最初の皇帝の名前をあわせもっていたが、その治世は1年しか続かなかった（475–76）。しかし、東ローマつまりビザンティン帝国はさらに1000年耐え、1453年のオスマントルコによるコンスタンティノープル（現在のイスタンブール）の陥落でついに幕を閉じた。800年に西で神聖ローマ帝国初代皇帝が即位するまでは、東の皇帝がもとのローマ帝国全体を支配しているという幻想が何世紀も続いた。

ビザンティン時代の初めの何世紀かは、帝国は北ヨーロッパや中央アジアからやってくる蛮族、そして最大の敵でありライバルである1千年紀の世界の超大国ササン朝ペルシア（205–651、かつて古代ギリシアを脅かした帝国のかなりのちの後継王朝）といった多くの敵に悩まされた。ペルシアとビザンティンの戦争は何世紀も続き、どちらの陣営にも注目に値する勝利や敗北があるが、西暦627年にヘラクリウス皇帝（574頃–641）がササン朝軍を全滅させ、ペルシア勢力を完全に打ち破った。皇帝はふたたびローマの栄光の時代がやってくると信じ、歓喜するコンスタンティノープルに帰った。だがこの勝利が、世界を永久に変えることになる新勢力イスラムの台頭と時を一にしていたのは、歴史の大きな皮肉である。

預言者ムハンマド（570–632）は亡くなる前に、あい争っていたアラブの部族を統一することに成功し、世界にかつて存在したことのない恐るべき軍隊が生まれた。ペルシア軍とビザンティン軍は長い戦いで疲弊しており、アラブのジハーディストつまり「聖戦の戦士」にはとてもかなわなかった。数年のうちに、イスラムの指導者たちの連合軍がペルシア帝国、アフガニスタン、現在の

防水
アスファルトの初期の用途のひとつが、船や建物の防水処理だった。

自然にしみ出る
タールが地表にしみ出て巨大なタールピットができる。

パキスタンの一部を飲みこみ、アラビアから北は近東をへてはるかトルコ南部まで、西は北アフリカをへてイベリア半島まで拡大した。ヘラクリウスは帝国を救うどころか、シリア、パレスティナ、メソポタミア（現在のイラン）、エジプトといった帝国のもっとも豊かな属州を失い、全滅に近い敗北を喫した。読者のみなさんは、この歴史についての長ったらしい前置きがアスファルトとなんの関係があるのだろうと不審に思っておられるかもしれない。アスファルトはピッチ［原油やコールタールなどを蒸溜したあとに残る黒い滓のこと］の一種で、道路やハイウェーの舗装に使われているアスファルトコンクリートの成分として知られ、たとえば金やウランに比べれば、あまりわくわくするような物質ではない。しかし、世界史のなかでもこの非常に重要な時期に、アスファルトは地球上でもっとも重要な鉱物といってもいいものになったのである。

アスファルトは世界中にある自然の堆積層に存在する。現代のもっとも有名な例が、カリフォルニア州ロサンゼルスにあるラ・ブレア・タールピットである（右のコラム参照）。アスファルトは、石油をはじめとする他の炭化水素と同じように、有機物が高圧下で圧縮されてできたものである。古代には、アスファルトは接着剤や接合剤として使われたほか、船や容器、洪水にあうおそれのある建物の防水に使われた。

ラ・ブレア・タールピット
◆

ロデオを見物し、ハリウッドの看板を見て、スタジオ見学をしたあとは、ロサンゼルスのもうひとつの呼び物、ダウンタウンのミラクル・マイル地区にあるラ・ブレア・タールピットだ。最初は岩盤の断層からアスファルトがしみ出てきて自然に形成されたが、現在見えているタールピットはアスファルト採掘場として掘られたものである。先史時代に動物がタールピットに落ちて死に、このピットはマンモス、巨大なナマケモノ、アメリカのウマ、ラクダ科の動物など、絶滅して久しい種の骨でいっぱいである。

燃える水

ほかの炭化水素と同様、アスファルトも燃えやすい半流動体であるが、裸の火が触れただけで火がつく精製されたガソリンほどではない。だが、ビザンティン軍はアスファルトのこうした性質を利用して、西洋に火薬が導入される以前はもっとも恐れられ威力のあった兵器、ギリシアの火を作り出した。多くのギリシアの哲学者や科学者は実際的な発明家でもあった。高尚な道徳や古代の演劇、あるいは天文学にかんする論文を書く一方で、敵船を水面からつかみ上げて岩の上に落として乗組員を殺す巨大なクレーンや、太陽光線を集めて敵船に火をつけるのに使える巨大な拡大鏡を考案するようなこともする人々だったのである。

そのときヘリオポリス出身の技術者カリニコスがローマ軍の側へ逃げた。彼が考案した海の火は、アラブ軍の船に火をつけて乗組員もろとも焼いた。かくしてローマ軍は凱旋し、海の火を手に入れた。

テオパネス（760頃–818頃）の年代記

この時代のある年代記（左の引用句参照）によれば、7世紀の最後の四半世紀にアラブ軍が帝国を侵略したとき、ヘリオポリス（現在のレバノンのバールベク）から逃げてきたカリニコスという名の科学者が、新兵器の製法をコンスタンティノープルへもたらしたという。のちの歴史学者は、カリニコスの存在や彼がギリシアの火の発明者だという話を疑問視している。古代ローマ人やギリシア人は戦争でいつも焼夷兵器を使っていたから、カリニコスは既存の製法を改良した可能性のほうが高いし、もしかしたら戦場でギリシアの火を発射するために使うサイフォン（一種のポンプおよび散布機構）を考案したのかもしれない。ギリシアの火はおもに海戦用の兵器であるが、陸戦でも使用された。戦艦が木製だったため海戦でとくに効果的で、消せない火が敵の船や乗組員を飲みこんだ。

失われた秘密
ギリシアの火の製法は、1204年に十字軍がコンスタンティノープルを占領したときに失われた。

コンスタンティノープルは両側を水で囲まれた半島に築かれた。そして陸地側は城壁と堀で二重に守られていた。城壁は非常に強固でうまく築かれていたため、15世紀に大砲で破られるまで、この都市が占領されることはなかった。7〜8世紀、アラブ軍はこの都市を攻略するには海を支配する必要があり、そうすれば飢えさせて降伏させるか、弱い海側の壁を襲撃することができると考えた。674年にアラブ軍はコンスタンティノープルを包囲して陸側を封鎖し、大艦隊を集結して海上封鎖を行ない、襲撃を開始した。これに対しビザ

火炎放射器
ギリシアの火は、現代の火炎放射器によく似たサイフォンで敵船めがけて発射された。

ンティンの海軍は専用の船にギリシアの火のサイフォンをとりつけ、677年、襲撃のためにマルマラ海に集まっていたアラブ軍の艦隊を壊滅させた。アラブ軍は海からの補給を妨害することも城壁を破ることもできず、退却したのである。同じようなことが717〜718年の包囲戦でもくりかえされ、ビザンティン軍はふたたびギリシアの火を使ってアラブ軍の上陸と海側の城壁への攻撃を妨げた。

いわば当時の原子爆弾だったギリシアの火の秘密は厳重に守られ、その正確な組成は不明のままである。エルサレムをイスラム教徒から奪い返すために組織された第4回十字軍は、1204年に策略によってコンスタンティノープルを攻略しラテン帝国を設立して終わった。そして統治者の交代に続く混乱のなかで、ギリシアの火の秘密は失われたのである。歴史学者たちは、その威力や当時入手可能だった材料にかんする記述から、もっとも可能性のある製法を再現した。ギリシアの火はサイフォンから発射されたから、液体だったはずである。容易に火がつき、水に浮き、水面で火がついたままでいた。そして、酢、砂、あるいは人間の尿でのみ消すことができた。こうした特徴を考えると、もっとも可能性のある処方は生石灰、硫黄、ナフサ、アスファルトの混合である。あまりぱっとしない外見、そして現在はどちらかというと平凡な道路建設で利用されているにもかかわらず、アスファルトは5世紀にわたってビザンティン帝国の存続を可能にし、キリスト教世界をほとんど確実だった滅亡から守ったのである。

なめらかな運転
今日では、アスファルトはハイウェーや歩道の表面になめらかさと耐水性を与えている。

アスファルト

金
Aurum

分類：貴金属（遷移金属）
起源：自然金、鉱石、海水
化学式：Au

◆ 産　業
◆ 文　化
◆ 通　商
◆ 科　学

金は地球上にある鉱物のなかでも抜きん出た存在であり、富の概念を象徴すると同時に地金、硬貨、宝飾品のかたちで具現化する。金のために男たちは海を渡り、大陸を探検し、大勢の人間を虐殺したが、鉄や銅、石炭や粘土に比べて金はほとんど実際の役に立たない。人類がこの金属に認めてきた価値は、その曇りのない輝きがどうかしたら自分のあまりにも汚れた魂をきれいにしてくれるかもしれないという一種の共有された夢と希望にあった。

若者よ西へ行け

「1492年、コロンブスは青い海を航海した」で始まる詩は誰でも知っているが、そのあと「コロンブスが船を走らせたのは金を見つけるため、言われたように持って帰るため」となっているのを覚えている人は何人いるだろう。同じくらいよく知られていることだが、イタリア生まれの航海士クリストファー・コロンブス（1451–1506）がスペインから大西洋を西へ航海したのは、東アジアに達し、そうしてスペインの雇い主のために東洋のスパイス、宝物、製造品の新たな交易路を開きたいと思ったからである。1492年から1503年にかけて行なった4回の航海で、コロンブスは西インド諸島と中南米を発見したが、彼自身は東インド、日本、中国に到達したのだと思いこんでいた。コロンブスはその偉大な発見の恩恵をほとんど受けず、面目を失って投獄された。しかし、コロンブスがなしとげたことによって世界は変わり、世界の軸が西方へ移って、それは現在まで続いている。

15世紀後半の西ヨーロッパ人の認識からすると、東洋は名高い都コンスタンティノープル（現在のイスタンブール）から始まってキャセイ（中国）とジパング（日本）といった神秘の国々まで広がり、そこでは金が卑金属と同じくらいふつうに存在するといわれていた。ビザンティン帝国（395–1453）でソリドゥス金貨が鋳造されて通貨の主要単位として用いられたのに対し、西洋では銀本位制がとられていた。金は希少で、そのため価値があり、曇っ

異常な執着
金には実際の効用をはるかに上まわる魅力がある。

56　世界史を変えた50の鉱物

西へ
コロンブスはインド亜大陸の金を求めて航海に出た。

たり酸化し（錆び）たりしない数少ない金属のひとつであるという魅力もあったし、実用本位の鈍い銀灰色とは違う色の金属といえば、金のほかには銅しかなかった。しかし実用性の点では、エレクトロニクスや歯科医術で近代的な使い方をされるようになるまでは、金はガラスのハンマーと同じくらい役に立たなかった。道具や武器、あるいは機械を作るには軟らかすぎ、金の鎧で命を守ろうとすれば誰でもすぐにひどい目にあって、恐ろしく重いだけでなく、鋼の刃や矢をろくに防ぐことができないのを知るだろう。硬貨を鋳造したり装身具を作るときには、銀やそのほかの金属と合金にして硬くするのがふつうである。

まきあげた羊毛
盗んだ金の羊毛をもって帰還するイアソン。

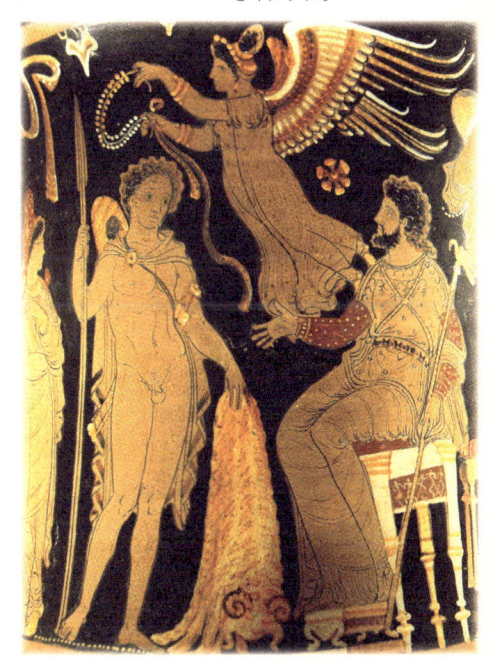

　東洋の富についての伝説は、コロンブスの時代よりかなり前からあった。金の羊毛にかんする古代ギリシアの神話では、イアソンと勇敢な英雄たち（海賊といったほうがいいかもしれない）は、魔法の品を探して黒海の東岸にそってコルキスの王国へと航海する。イアソンは虐殺をしたり女性を誘惑したりしながら既知の世界を進み、羊毛を盗んで娘を手に入れ、意気揚々とギリシアに帰る。この物語の現代的解釈は、この地域の先住民は羊毛を使って川から砂金をふるい分けていたというものである。したがって、この神話は本当は宝物を略奪する海賊行為についての話なのである。その後の数千年で、実在

金　57

および想像上の金——たいていすでに他者の所有になっている——を探す遠征は、よくある空想物語のテーマ、そして歴史上の出来事となった。

金のために

金への愛着は人類の文化にほとんど普遍的なもののように思えるが、平原インディアンやそのほかの狩猟採集民は例外で、彼らはこの金属は役に立たず、そのため価値がないと考えた。だが、いわゆる文明化された定住民にとっては、金はつねになみはずれた魅力、いわば人をまどわす魅力をもっていた。20世紀まで金は世界の経済システムの基礎をなし、大半の政府が金貨をやめて紙幣を採用すると通貨を保証するものになった。しかし、かなり早い段階で、世界の金の供給量の増加速度が非常に遅いのに対し、世界の経済は急激に成長していることが明らかになった。つまり、金は決して通貨供給量の増加に追いつかないのである。結局、第2次世界大戦後、各国政府は壊滅状態の経済を立てなおすために金の準備量に相当する額より多く紙幣を印刷しなければならず、制度全体が崩壊してしまった。かつては紙幣は持参人にそれに相当する金を支払うことを約束するものであったが、これ以降、それは虚構になったのである。試しにドル札やポンド硬貨を持って連邦準備銀行かイングランド銀行へ行って金がほしいと言ってみるといい。おそらくそっけない返事が返ってくるのがおちだろう。

だが15世紀には、個人あるいは国家の富は金をどれだけ所有しているかを尺度に測られた。残念ながらスペイン人が気づくのは200年先になるのだが、これによって経済活動の成果——貿易や産業で得られた金

金本位制
金は20世紀まで世界の通貨の基準だった。

愚者の黄金
エルドラドの伝説に導かれて、数えきれないくらい大勢の男たちが南米のジャングルで死んでいった。

58 世界史を変えた50の鉱物

——と金そのものとの混同が助長され、それは危険なことであった。歴史の偶然により、気がついたらカトリックのスペインが新世界の半分以上を所有していた。ただし、ブラジルはポルトガルが横取りし、カナダとアメリカ東海岸にはイギリス、オランダ、フランスが植民した。しかし、そこには金がなかったから、スペインにとっては問題ではなかった。コロンブスは西インド諸島と本土へ行って金を持ち帰ったが、雇い主である王室を満足させるほど十分にはなかったため、困ったことになった。だが、まもなくスペイン人は、中米、そして南米の奥地にある、どんな強欲な夢もおよばぬ豊かな伝説の王国、アステカ帝国とインカ帝国の話を耳にする。

戦利品
コンキスタドールが持ち帰ったアステカの耳飾り。

十字架と剣

　少し前にイスラムの支配から自由になったスペインは、深くカトリックを信仰する不寛容な社会だった。異端審問で異端者、イスラム教徒、ユダヤ人を原理主義者の激しさで追放し、実際にはハリウッド映画にあるように残虐ではなかっただろうが、ゲシュタポやKGBぐらいには残忍で効果的な国家弾圧を行なった。アメリカ大陸のきわめて進んだ文化とはじめて接触したのはスペインで、プロテスタントのイギリスでもオランダでもなかった。ピルグリム・ファーザーズがマサチューセッツではなくメキシコに上陸していたら、歴史は別の道をたどっていたかもしれず、興味深い。ただし、清教徒もおそらくスペインのカトリック教徒と同じくらい不寛容だったから、結果は同じだったかもしれないが。

　アステカ帝国――連合国といったほうがいいかもしれない――は、現在のメキシコの大部分を占め、テノチティトラン（現在のメキシコシティー）を首都とした。この帝国はかなり新しく、アステカ族がメキシコ盆地の支配権をにぎったのは15世紀にすぎない。古代近東のいくつかの帝国と同様、遠くから支配して被征服者から貢物を取り立てたが、支配者やエリート層はそのままにした。アステカの支配はたえず反乱によって脅かされ、帝国内に強力な独立した集団が存在し、そうした集団はすべて、抜け目のないエルナン・コルテス（1485-1587）に利用されることになる。コルテスは表向きは異教

黄金の夢
◆

　スペインのコンキスタドールは、インカとアステカの金を略奪してもまだ満足しなかった。そして、「黄金の人」エルドラドについての話（アメリカ先住民がコンキスタドールたちを誘って死なせるために粉飾したのではないかと考えている人もいる）を聞いた。エルドラドは伝説の黄金の都市の支配者で、そこは南米の密生したジャングルの中に隠されているという。この物語はコロンビアのムイスカ族の儀式がもとになっていた。彼らは体を金粉で覆った新しい首長を筏に乗せて神聖な湖の真ん中にこぎ入れ、そこで即位の儀式の一部として首長が神々に捧げ物をした。この伝説に駆りたてられて大陸内部への探険が何度も実施され、1541年に出発した最初の探険ではアマゾン川の全長が明らかにされたが、黄金を渇望する探険家たちの大多数が死ぬことになった。

徒であるアメリカ先住民に唯一の真の信仰をもたらそうとしていたが、本当に求めていたのは金だった。そして大量に発見した。

コロンブス到来以前のメソアメリカの人々は、いくつかの興味深い対照性を示している。アステカとマヤは彫刻芸術を発達させ、数字と天文学は驚異的なレベルに達していたが、石器時代の技術で暮らしていた。アステカ人はみごとな金の装飾品や品物を作ることができたが、戦士たちはまだ黒曜石の刃の武器で戦っており、それは世界のほかの場所では石器時代の終わりにしだいに消えてしまったものである。インカ人は金の加工技術だけでなく冶金術を発達させていたが、それでもまだヨーロッパの中世末の技術よりはるかに遅れていた。アステカとマヤには複雑な象形文字があってエリート層が使用していたが、インカはキープと呼ばれる結縄文字ですませ、それを使って取引きや生産量、税の記録をした。インカ人は荷物運搬用の動物としてラマをもっていたが、メソアメリカ人は家畜化すべき大型動物がおらず、人力で対応した。

黒い伝説

コンキスタドール（征服者）の手にかかったアメリカ先住民の悲惨な運命については多くのことが語られてきた。さまざまな点でその歴史の様相が陰惨だったため、「黒い伝説」と呼ばれるようになった。それによれば、中南米へのスペインの植民地開拓者の到来は先住民の文化の破壊につながっただけでなく、ヨーロッパからもたらされた病気で人口の95％も死ぬことになったという。アステカ帝国とインカ帝国の暴力による終焉と彼らの文化と信仰の弾圧、そして天然痘、インフルエンザ、コレラによって何百万人もの人々が死んだことについては議論の余地はない。だが、スペイン人は当時のほかのヨーロッパ列強より悪かったのだろうか。イギリスによるインドの征服ではずっと被害が少なかったことを指摘する人もいるが、それは18世紀のことであり、当時はすでにキリスト教がその原理主義的な激しさをかなり失っていたし、これはもっと重要なことだが、インドの技術とイギリスの技術にはそれほどひどい差はなかった。

スペイン人は1519年にメキシコ、その10年後にペルーにやってきたとき、黄金の都市こそなかったが、支配者層が何世紀ものあいだに蓄え、神殿や宮殿、墓、人間を飾るために使った金の装身具や工芸品を発見した。金は決して旧世界の場合のように通貨や交換の媒体ではなかった。経済面ではコロンブス到来以前の社会は15世紀のヨーロッパとまっ

ホロコースト？
スペインによるアメリカ大陸の征服はナチによる民族大虐殺（ジェノサイド）に匹敵するとみなされてきた。

粉末状の金
たとえばこの純金の沈殿物のように、金はさまざまなかたちで存在する。

金 61

天上の金

金属元素は重い。このため、惑星規模でいえば、地球の形成過程で鉄、金、そのほかの貴金属が地球の中心に沈んで固体の核を形成し、その周囲にマグマと呼ばれる融解した岩石の厚い層が漂っている。だが、今では科学者は、地殻には計算上存在すべき量の約千倍もの金があることを知っている。金はすべて私たちの足の数千キロ下の文字どおり金張りの鉄の核のまわりにあるはずなのに、どうしたことだろう。科学者たちが思いついたのは、地球の表面にある金の大部分は地球外に起源があるという説明だ。いや、宇宙人ではなくて、39億年前の一連の巨大隕石の衝突である。それは「末期爆撃」と呼ばれ、地球の表面に金やプラチナも含む約200億トンの物質をもたらした。

たく異なり、アステカ人は貢物の制度を運営して食糧、原材料、ぜいたく品の首都への流れを確保し、日常の経済は物々交換によって成り立っていた。インカは原始共産制の国家だといわれてきたが、地域共同体が中央集権国家の庇護を受けて財産権を維持する共同体主義といったほうがよいかもしれない。インカ人は金を彼らの第一の神であるインティすなわち太陽と結びつけた。首都クスコにあるインティの主神殿コリカンチャは、内側も外側も金の薄板で覆われていた。アメリカ先住民にとって金は象徴的な意味をもち、スペイン人の金を手に入れたいというとりつかれたような願望に当惑した。スペイン人が手に入れた貴重な品物や宝飾品に行なったことといえば、溶かして醜い塊にしてスペインへ送ることだったのである。

帝国の代価

スペイン人はメキシコやペルーから金を奪い、結局は新世界の金の供給量も旧世界と同じようにかぎられていることがわかった。彼らは宝物をスペインへ持ち帰り、16世紀のスペインは金地金の点では世界でもっとも豊かな国になった。しかし、18世紀にスペインは、アステカとインカの金のために本当はどれだけの代価を払ったのか知ることになる。イギリス、フランス、オランダは中南米から労せずして富を得るようなことはできず、北米のそれほど有望ではない土地で我慢した。そしてこれらの国は、有限な資源の収奪ではなく、天然資源の活用、貿易、製造にもとづく経済を発展させたのである。

かつてヨーロッパ随一の先進国だったスペインは経済が停滞し、帝国の運営がますますむずかしく費用がかかるようになった。かつてその巨大な艦隊でイングランドに脅威を与えた（1588）スペインが、イギリスとオランダにいつも敗北するようになり、北欧諸国との紛争のときには同盟国のフランスに頼った。そして結局、スペインのアメリカ帝国に終焉をもたらしたのは、国王を排除して皇帝（ナポレオン1世、1769-1821）と取り換えたフランスだった。ナポレオンがスペインを征服すると、帝国は崩壊し、ラテンアメリカの国々はひとつまたひとつと

高貴な金属
金は王権の象徴の製作に好んで使われる金属である。

> 無人島では金は役に立たない。金がなくても食物があればなんとかなるが、食物がなければ金があってもどうにもならない。そういえば金鉱でも金は役立たずだ。金鉱での貨幣はつるはしだ。
>
> テリー・プラチェット『金儲け（Making Money）』のなかでのモイスト・フォン・リップウィックの金についての物思い

独立を宣言していった。

　スペイン人がその帝国を一種の貯金箱として使って貴金属——金、そして金がとぼしくなってからは銀——を略奪しているあいだに、イギリス、フランス、オランダは通商網を開拓し、原材料を母国へ送って製品を製造しては世界へ再輸出した。スペインの経済は帝国の泥沼から浮上することなく、ついには海外の領地をすべて失い、社会的、政治的、経済的に恵まれない状態は1975年にフランコの独裁が終わるまで続いた。20世紀のイギリスや21世紀のアメリカの帝国崩壊後の問題がよくとりあげられるが、スペイン帝国の厄介な遺産に比べればたいしたことはなかったのである。

　現代社会では金は経済システムにおける公式の役割を失ったが、経済危機のときに好まれる投資先として首位の座を維持している。土地や資産の価格が下落し株価が暴落するとき、投資家にとって安全な避難先は金である。これを書いている2011年夏の時点で、金の価格は1オンス1800ドル（1グラム64ドル）の高値を記録した（これに対し銀は1オンス40ドル［1グラム1.40ドル］である）。新たに発見される金の量が減少しているため価格は上昇するしかなく、このため、地球の核に何百万トンもあるこの金属を抽出する方法を発見しないかぎり、金に価値があるという夢は続くだろう。

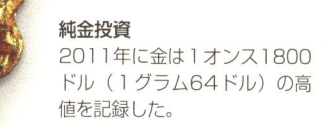

純金投資
2011年に金は1オンス1800ドル（1グラム64ドル）の高値を記録した。

天上の富
清貧を説いているにもかかわらず、教会は金の大口消費者である。

チョーク
Calx

分類：堆積岩
起源：微生物、海洋動物、藻類の遺骸
化学式：$CaCO_3$

◆ 産　業
◆ 文　化
◆ 通　商
◆ 科　学

　チョーク（白亜）と呼ばれる軟らかい堆積岩は、イングランド南部の文化において先史時代から重要な象徴的役割を果たしてきた。チョークは、ローマ時代から19世紀まで使われた石灰モルタルの原料でもある。

イングランドの白い胸壁

　チョークというと、イングランドのある世代の男女はみんな、きっとふたつのことを思い浮かべるだろう。学生時代のチョークと黒板、そしてドーヴァーの白い断崖である。前者は一般に「チョーク」といわれるものの、じつは石膏（硫酸カルシウム）である。白い断崖のほうは本物のチョーク、つまり炭酸カルシウムでできていて、フリントの筋が入り、狭いドーヴァー海峡の向こう側に見えるフランスに面したイングランドの海岸線を守る胸壁のようにそそり立っている。第2次世界大戦中に歌にうたわれたこの断崖は、ナチの侵入の脅威に対するイギリスの抵抗と、勝利と平和がやってくるという希望の象徴だった。

　この断崖は海岸に沿って連続した障害物を形成しているわけではないため、防衛体制の象徴でしかなく、1世紀のローマ人や11世紀のノルマン人のような侵入に成功した者たちにとっては、安全な停泊地や上陸する平坦な浜を見つけるのになんの問題もなかった。帆と蒸気の時代には、ドーヴァーの白い断崖は帰ってくるイギリス人を最初に迎える母国の風景であり、船でニューヨークに着く人々が自由の女神像を目に

化石化
チョークは微生物の遺骸が化石化したものからできている。

白亜の壁
イングランド南部の断崖は、象徴的な意味での防衛線である。

64　世界史を変えた50の鉱物

するのとよく似ている。この断崖は（丘陵地帯だから正しくないが）ダウンズと呼ばれる地形の一部で、イングランド南東部にノース・ダウンズとサウス・ダウンズのふたつがある。これらは、およそ6000万年前の白亜紀に微小な海洋動物や植物の骨格の残骸から形成された帯状のチョーク堆積層である。

行儀の悪い巨人と白い馬

　チョークの創造物でおそらくもっとも不思議で興味をそそられるものは、ブリテン諸島のあちこちにある、チョークの丘の斜面にきざまれた巨人や動物だろう。そのなかでもとくに有名なのがイングランド南部にみられるもので、イーストサセックス州にあるウィルミントンのロング・マンは全長約69メートル、ドーセット州にある「ルード・マン」とも呼ばれるサーンアバスの巨人は55メートル、そしてオックスフォードシャー州にあるアフィントンの白馬は110メートルある。こうした丘絵の由来や役割は謎のままである。ちょっと本当とは思えないが、南米のペルーのナスカ砂漠にある絵のように、通りかかったUFOの乗組員に見えるようにきざんだという説もある。

　3つの丘絵のうち、高度に様式化されたアフィントンの白馬がもっとも古く、近くにある現在アフィントン城と呼ばれている青銅器時代から鉄器時代の砦との関連性から、青銅器時代のものと考えられている。この馬が砦の建設者のシンボル、あるいはケルトの馬の女神エポナを表現している可能性もある。それに比べるとウィルミントンとサーンアバスの巨人の年代は、かなり議論を呼ぶ問題である。そのあからさまな男らしさと、パンツをはいていないことから、行儀の悪い巨人とも呼ばれるサーンアバスの巨人は、古代ギリシア・ローマの英雄ヘラクレスを表わしているのかもしれない。しかし、この巨人についての最古の記述が18世紀のものであるため、歴史学者たちはそれができてから200年しかたっていないと結論づけている。この行儀の悪い巨人については伝説がいくつもある。子どものできない夫婦が巨人の立派な男性のシンボルの上で寝ると子どもができるという、迷信じみた言い伝えもある。このため、暖かい夏の夜にはこの一帯がかなりこみあうことになった。

行儀の悪い奴
イングランドの丘絵には巨根の巨人もいる。

初歩的だよ、フォールズ君

◆

　チョークの粉末は、今でも鑑識チームが犯罪現場から指紋を採取するときに使っている。スコットランド人の医師ヘンリー・フォールズ（1843–1930）は、19世紀末に東京の病院で働いていたときに、指紋が個人を特定する手段として使えることに気づいた。ある男性が病院から間違って泥棒の嫌疑をかけられたとき、フォールズはこの男性の指紋が犯行現場で見つかった指紋と一致しないことを示して、彼の潔白を証明した。

石炭
Carbo carbonis

分類：堆積岩
起源：水中で酸素の少ない状態にあった植物体
化学式：Cおよびその他の元素

◆ 産　業
◆ 文　化
◆ 通　商
◆ 科　学

石炭はこの200年のもっとも重要な鉱物である。第1次産業革命で工場や鉄道の燃料となり、イギリスから始まった19世紀の先進国の都市化と工業化を可能にした。しかし、この200年に石炭が広く使用されたことが、人類の文明の未来に悲惨な結果をもたらすかもしれない。人間の手による気候の変化にかんする最悪の予測があたれば、石炭がその誕生を手助けした工業文明の終焉、そしておそらく人類自体の終焉を、石炭がもたらすかもしれないのである。

悪魔のような工場

水車が回り風車がきしむ音を除けば、工業の騒音も眺めもにおいもすべてない風景を想像してみてほしい。市の立つ比較的大きな町の外では、空気は澄み、川は汚染されておらず、展望が電線やハイウェーや線路でそこなわれることはない。移動は荷車を引く牛がとぼとぼ歩くゆっくりしたペースで行なわれ、馬のギャロップより速くなることはない。「本当は一度も存在したことのない牧歌的な田舎の風景だ」と声を上げる人もいるかもしれない。だが、これがおそらく1700年より前にブリテン諸島を訪れた人を迎えた風景であり、その頃の経済は農業が中心で、製造業はまだ工業以前の規模だった。今日に比べて環境の状態はずっとよかったが、生活は完璧にはほど遠かった。戦争、病気、飢餓のため、平均寿命がその後の世紀に比べてずっと短かったのである。

だが、19世紀中頃にイギリスを訪れた人は、まったく違う風景を目にしただろう。1世紀半のうちに、イギリスの産業革命はこの国のさまざまな部分を変えてしまった。森林、野原、牧草地は鉱山、織物工場、鋳物工場、陶器工場に場所をゆずり、町や村は成長して新たな工業大都市圏を形成し、たがいに鉄道網で結ばれた。ウィリアム・ブレイク（1757-1827）の詩「エルサレム」から引用すれば、イングランドの「緑で気持ちのよい土地」は「暗い悪魔のような工場」にのっとられてしまったのである。ブレイクをはじめとする人々がイギリスの工業化された新たな風景を嘆いたのは、それによって環境が悪化したためだけでなく、新た

ブラック・ゴールド
石炭はイギリスの第1次産業革命の動力源になった。

失われた子ども時代
子どもが鉱山で雇われたのは、かぎられたスペースにも入ることができたからである。

に形成された工業労働者階級に押しつけられた社会条件がひどかったからである。

　鉱山や工場の労働者は、危機的な時期に基本的な社会的経済的支援を提供しただけでなく習慣や法によって雇用条件を調整していた農民の地域共同体から切り離され、初期資本主義の最悪の搾取形態から法的に守られることはなかったし、公的支援や医療のセーフティネットもなかった。4歳という幼い子どもが鉱山や工場へ働きに出され、そこで多くが事故や職業病で10代や20代で死んだ。鉱山や工場の労働者は低賃金で長時間、危険な重労働をして、いつも、景気が悪くなれば解雇できる雇い主の言いなりだった。先進国で労働者階級の状況が改善されるまでには、数十年の改革と社会闘争が必要だった。

　何がこの極端な物理的社会的変化をもたらしたのだろう。歴史学者たちは、第1次産業革命がイギリスで始まった理由を、政治、経済、社会、

私の名前はポリー・パーカー、ワースレイからやってきた。
母と父は炭坑で働いている。
家族が多くて、7人子どもをさずかった。
だから私も同じ炭坑で働かないといけない。
これが私の運命だから。あなたがかわいそうに思うのはわかっている。
その歳でそんな仕事をしなくちゃならないなんてと。
でも私は元気を出して、歌をうたって楽しそうにする。
私は貧しい鉱夫の娘でしかないけれど。
伝承されている鉱夫の歌「鉱夫の娘」

石炭　67

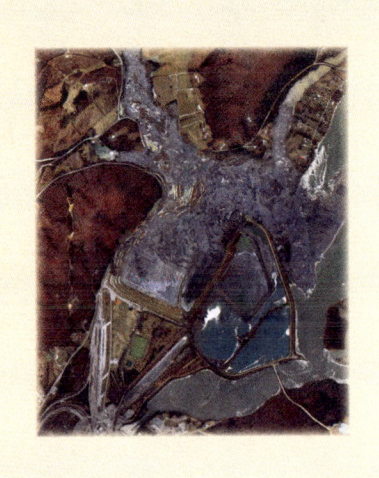

黒い流れ

◆

石炭による環境への害は大気汚染や気候変動にとどまらない。2008年、アメリカのテネシー州の静かな片すみで、約1.2平方キロの範囲が有害な黒いヘドロで覆われた。テネシー川流域開発公社のキングストン石炭火力発電所の保管池が決壊して流出したのである。「フライアッシュ・スラリー」と呼ばれるこのヘドロは、エネルギーを生産するために石炭を燃やしたときの副産物である。それが発電所から流れ出したため、黒い流れが通り道にある建物を破壊し、農地を厚い灰の層で覆い、この地域の河川に流れこんで何百万ドルもの被害をもたらした。

さらには宗教の側面から説明する説を提案してきた。だが、多くの社会経済的要因がこの出来事に寄与したとはいえ、ブリテン諸島のあちこちで容易に見つかるある特定の鉱物、すなわち石炭がなかったらそれは不可能だっただろう。深い立抗から掘り出されるか地表から露天掘りされる石炭が、蒸気機関のエネルギーとなってイギリスの製粉所、鋳造所、列車、船を動かし、いったんガスに変えられて都市を明るくしたのである。石炭がなかったら、イギリスは（国内に石炭がなかった）オランダによく似た重商主義の強国になり、産業超大国の帝国として19世紀のあいだ世界を支配することはなかっただろう。

地質学的偶然

近東の国々の地下に最大級の油田が見つかるのと同じような幸運で無作為の地質学的偶然により、大規模な石炭の鉱床がブリテン諸島、とくにウェールズ、イングランド北部、スコットランドの地下に形成された。石炭はほかの炭化水素と同じようにもともとは有機物で、石炭紀に3億500万年前まで地球を覆っていた広大な森林の名残である。通常の条件下では枯れた植物は腐敗してその炭素は大気中に戻るが、酸素がほとんどない酸性の水の中に植物体が蓄積すると分解せずに泥炭になり、自然の炭素貯蔵庫の役割を果たす。何百万年ものあいだに泥炭湿地は堆積物で覆われ、圧縮されて石炭になる。

もちろん世界にはイギリス以外にも大規模な石炭鉱床が存在する国はある。石炭はどの大陸にも存在し、生産量の点では現在の世界トップは中国である。一方で、歴史学者が指摘しているように、石炭、そして銅や鉄のようなほかの原材料が豊富に供給されることがイギリスの工業化にとって非常に重要だったにしても、それだけでは十分に説明できない。何人もの歴史学者が産業革命の第一の原動力として技術を重視し、とくに18世紀初頭にはじめて商業目的の蒸気機関が開発されたことと、低圧のワットのエンジン（1774）のような大型定置エンジンからずっと小さく高圧の蒸気機関へ進化し、19世紀初頭に最初の機関車や蒸気船を動かしたことを指摘している。

また、別の歴史家は、田舎で必要とされない余剰労働者を維持できず

煙を吐く悪魔
初期の蒸気機関車は炭坑に石炭を運搬するために造られた。

人々が自由に新しい工業都市へ移住するにまかせたこと、あるいはプロテスタント主義によって促進された重商資本主義の文化に注目している。だが、高圧ボイラーを作るより強い鉄を精錬するための石炭と、水を蒸気にするために炉で燃やす石炭がなかったら、実用可能な蒸気機関も、深い採掘抗も、工場、鉄道、労働者階級、工業都市、重商資本主義も、すべてなかったはずである。

ホットな石炭

イギリスが道を示すと、19世紀のベルギー、ドイツ、フランス、日本、アメリカの東海岸から始まって、20世紀初頭のロシアなど、ほかの国々があとに続いた。20世紀の中頃から末にかけては、東南アジア諸国、韓国、中国、インド、ブラジルが先導する新興経済圏はどこも産業インフラの開発に重点的に投資した。ほとんどの場合、これは石炭による発電を意味し、それは今日でも利用可能なもっとも安価な発電法であるが、炭素排出の点では地球環境にとってきわめて有害な方法である。

過去200年間に化石燃料を燃やして温室効果ガスである二酸化炭素（CO_2）を何十億トンも大気中に放出したことが一因でひき起こされた気候変動と地球温暖化に言及すれば、気候変動はまだ証明されていないとか、完全に自然の周期的な現象であると信じるほうがいいと思っている一部の読者の気分を害するかもしれ

全速前進
石炭を燃料とする蒸気が、風に依存する帆をたちまち追いぬいた。

石炭 69

そして神のかんばせが、
われわれの雲のかかった丘々の上に輝き出たのか。
そしてエルサレムはここに建設されたのか、
これら暗い悪魔のような工場の間に。
ウィリアム・ブレイク「エルサレム」[『ブレイク全著作』
梅津濟美訳、名古屋大学出版会]

ないということは承知している。しかし、CO_2排出量が安定して上昇しており、中国やインドが石炭火力発電所を新設し工業化を続けていて、上昇スピードがゆるむ徴候がまったくないことを考えれば、遅くとも2050年までに気候学者が正しいのかそれともたんに人騒がせなだけか判明する機会が訪れるだろう。

　気候変動の論争で両陣営が出している多くの主張や事実や数値をここでくりかえすつもりはない。だが、この項の最初で述べたことに話を戻そう。2世紀半の工業化にもかかわらず、イギリスにはいまだに、うねる丘や生け垣、絵のように美しい村、小さな市場町が広がる、驚くほど緑の心地のよい風景がある。しかし、イギリスは標高の低い島で、首都ロンドン、人口の大部分、そしてビジネスと商業の中心地と新しいハイテク産業を擁するこの国の南東部は、徐々に北海に沈んでいる。この沈下の影響と、地球温暖化によって今世紀末までに起こる可能性がある2メートルの海面上昇を合わせると、由緒あるイングランドの大半が水面

温暖化
石炭の燃焼が地球温暖化に寄与していると考えられている。

悪魔の風景
工業化によってイングランドの田舎はすっかり変わった。

下に沈むことになる。残った標高の高い部分が広い多島海を形成して、さわやかな地中海性気候かさらには亜熱帯気候になって、生き残ったイギリス人や海外の旅行者への思いがけない贈物になるだろう。

　石炭は、地中から掘り出されたことによってこの200年で社会、政治、経済、技術の流れを完全に変えた鉱物である。石炭がなければ第1次産業革命──蒸気の時代──はなかっただろうし、その結果、第2次産業革命──電気の時代、内燃機関の時代──もなかっただろう。そして、労働者階級の誕生とそのあらゆる政治的影響、大都市の成長、1世紀の窮乏と混乱と社会不安が報われた生活水準や教育や平均寿命の大幅な向上といった、石炭が可能にした社会の変革もなかっただろう。

セントラルヒーティング
◆

　石炭が燃料として使用できることは古代からよく知られていた。イギリスでは、西暦1〜5世紀にローマ人がこの島の広大な石炭鉱床を開発して、公共の建物や個人の家の暖房に使った。ローマ人はハイポコーストと呼ばれる世界初のセントラルヒーティングのシステムを発明し、それは炉で石炭を燃やして空気を暖め、高くした床の下を循環させて、上にいくつもある部屋を暖めるようになっていた。5世紀に西ローマ帝国が崩壊したのちに石炭を使うこの技術は失われ、ブリタニアにおける使用の記録が再発見されたのは12世紀になってからのことである。寒くじめじめした気候にもかかわらず、19世紀になるまでセントラルヒーティングがイギリスにふたたび導入されることはなかった。

珊瑚
さんご
Corallium

分類：有機鉱物
起源：数種のリンゴの外骨格
化学式：$CaCO_3$

◆ 産　業
◆ 文　化
◆ 通　商
◆ 科　学

生きている宝石
珊瑚は海洋微生物の硬い外骨格である。

癒しの力
インドではいまだに赤珊瑚には癒しの力があると信じられている。

宝石珊瑚は数種の海洋性着生動物の外骨格で、かつては病気や不運を避けることのできる魔法の物質だと信じられていた。現代においては、生物の多様性と珊瑚自体の美しさのためだけでなく、観光客のドルの重要なかせぎ手だという理由からも、珊瑚礁は高く評価されている。

謎めいた西の産物

宝石珊瑚は、ほかの貴石や半貴石の鉱物と同様、先史時代から交易されていた。琥珀や真珠の交易と同じように、珊瑚の交易はごく初期の通商網で地球上の遠く離れた地域と地域をつないだ。珊瑚は比較的暖かい海洋の浅い水域にあり、宝石になる最高級の珊瑚である樹形の赤いベニサンゴ（*Corallium rubrum*）は地中海沿岸の水域でとれる。しかし古来、そのおもな市場はヨーロッパではなくインドであった。古代や中世には多くのエキゾティックな産品が東洋から西洋へ輸出されたが、珊瑚は反対方向に移動したのである。

インドでの珊瑚の人気は、その魔法の力と癒しの力についての言い伝えによるものだった。インドのヴェーダ天文学では鉱物が9つの惑星と関連づけられているが、珊瑚は赤い惑星マンガル（火星）と結びつけられ、その特質は勇気、強さ、攻撃性、生命力である。赤い色から珊瑚は血液と関連づけられ、血と循環系の病気を治すと考えられた。珊瑚の宝飾品は、いくつもの文化で不運を避けるお守りとして身につけられた。南インドでは今でも、結婚した女性は夫婦仲がよいように珊瑚の宝飾品を身につけている。

> アラムはお前の豊かな産物のゆえに商いに来て、トルコ石、赤紫の毛織物、美しく織った布地、上質の亜麻織物、さんご、赤めのうをお前の商品と交換した。
> 旧約聖書『エゼキエル書』27章16節［『聖書 新共同訳』日本聖書協会］

72　世界史を変えた50の鉱物

珊瑚をめぐる競争

　古代には、マッサリアというギリシアの植民地（現在のフランス南部のマルセイユ）は、地中海の珊瑚をガリア（フランス）やゲルマニア（ドイツ）のケルト人に輸出し、ケルト人はそれを青銅の装身具や武器にはめこむ装飾として使った。古代ローマ人は、インド人と同じように珊瑚が病気や危険を遠ざける力をもっていると信じ、自分の子どもに珊瑚のネックレスを与えた。その後の世紀における地中海産の珊瑚の交易の支配権の移り変わりは、この地域の国家勢力の浮き沈みをよく表している。中世には、ヴェネツィアやフィレンツェのようなイタリア北部の共和国が、北アフリカ海岸沖の豊かな珊瑚礁を開発した。

　16世紀にスペインがこの地域に対する権利を獲得したが、17世紀にはフランスに渡した。そして、ナポレオン戦争（1803-15）の空白期間にイギリスが一時的に支配した以外は、フランスが現代まで権利を保持してきた。現代になると地中海の珊瑚の加工はイタリアが独占し、ナポリ、ローマ、ジェノヴァの都市に集中した。しかし、プラスティックなどの材料で簡単に偽物を作ることができる他の有機質の宝石用原石と同様、現代になると珊瑚は人気を失った。

人工魚礁

◆

　引退した空母オリスカニーは、今ではオーストラリアのグレート・バリア・リーフとの対比で「グレート・キャリア・リーフ」という愛称でダイバーから呼ばれており、人間の手により生まれた最大の人工魚礁である。3万800トン、全長276メートルのオリスカニーは、2006年5月にフロリダ沖に沈められ、新たな珊瑚の成長のための土台とさまざまな海洋生物の棲みかを提供し、ダイビングの新名所となって、酷使され劣化している自然の珊瑚礁への負荷を減らすという、ふたつの機能を果たしている。近年、人工魚礁を作るために、人間の遺灰をコンクリートと混ぜて柱や彫像に成形したものや、ニューヨーク市の地下鉄の古い車両など、多くの人工物が使われており、オリスカニーもそのひとつにすぎない。

危機
珊瑚は乱獲と環境悪化の脅威にさらされている。

象牙
Eburneus

分類：有機鉱物
起源：ゾウの牙（象牙質）
化学式：$Ca_5(PO_4)_3(OH)$ と有機物および水

◆ 産　業
◆ 文　化
◆ 通　商
◆ 科　学

「象牙(アイボリー)」はさまざまな動物から得ることができるが、この言葉はふつう、アフリカゾウとアジアゾウの牙からとれる物質を意味すると解されている。大昔にはゾウは北アフリカや近東まで広がる現在よりかなり広い範囲に生息していた。しかし、象牙のためのゾウ狩りや、現在では密猟により、何千年ものあいだに生息範囲が狭まり、今日では野生のゾウは絶滅の危機にある。

象牙を鳴らす

アフリカゾウとアジアゾウの苦境を誰のせいにしたらいいのだろう。まずは、ピアノを世界有数の人気があって用途の広い楽器にした、ヴォルフガング・アマデウス・モーツァルト（1756-91）をはじめとする18～19世紀ヨーロッパの大勢の作曲家や演奏家たちだ。鍵盤の数が少ない初期のピアノがはじめて登場したのは16世紀のイタリアだったが、ヨハン・セバスティアン・バッハ（1685-1750）は1730年頃にはじめてピアノの音を聞いたときもあまり感銘を受けず、オルガンとハープシコードのための曲を作りつづけた。しかし、モーツァルトの時代にはすでにピアノはライバルの楽器に代わって中心的な演奏用鍵盤楽器になっており、ルートヴィヒ・ファン・ベートーヴェン（1770-1827）が作曲している頃にはピアノはその黄金時代に入っていて、5オクターブから7オクターブあまりにまで増えて白鍵の数は合計52になった。

20世紀にプラスチック製の象牙の模造品が発明されるまで、ピアノの白鍵は木をアフリカゾウからとった軟らかく白い上質の象牙で覆ったものでできていて、それは殺されたばかりのゾウからとったものでなくてはならなかった。平均31キロの象牙をさいの目に切ってスライスし、ピアノ45台分の鍵盤を作ることができる。このやり方はかなり効率的で、すてられる牙はほとんどないが、このことは命を差し出したゾウにとってほとんど慰めにならない。おかげで幼いモリーやフレディーは苦労してたどたどしく「エリーゼのために」を弾くことができ、両親は喜んだだろうが（おそらくはほかに喜ぶ人はあ

大量生産者
古代から象牙に対する需要がゾウを減少に追いこんできた。

まりいなかっただろう）。そして、それこそが問題だった。象牙の需要が作曲家、演奏家、プロの音楽家の楽器にかぎられていたなら、今日、ゾウはずっとよい状況にあったかもしれないのである。

　家庭用娯楽器具の石器時代——iPhoneやプレイステーションが現れる前の時代のことではなく、テレビやラジオ、さらには手まわし蓄音機もない時代のことだ——には、ピアノは薄型テレビやニンテンドーWiiに相当するものだった。19世紀を通じて、中産階級の家庭では健全な歌の集いや即興のコンサートのために自宅の居間や客間でアップライト・ピアノのまわりに集まり、バーや酒場、クラブ、レストランはどこも催しもののためにピアノを置いていた。19世紀から20世紀初めにかけての先進国におけるピアノの人気は、サハラ以南のアフリカゾウの大量殺戮につながった。ピアノの鍵盤の需要を満たすために、1905年から1912年だけでも推定3万頭のアフリカゾウが殺されたのである。

死の音色
19世紀にはピアノがアフリカゾウの生存を脅かした。

大統領の歯

　ゾウはかつて旧世界に広い生息域をもち、近東ではシリアのようなはるか西まで個体群がいたし、北アフリカのいたるところに生息していた。たとえばハンニバル（前247-182）がローマを攻撃するためにアルプスを越えてつれていったゾウは、北アフリカにいた小型の森林ゾウの絶滅した亜種だった。しかし、地中海のゾウは古代に象牙のために狩られて絶滅してしまった。79ページに示した聖書からの引用に書かれているように、古代においても象牙は、学者たちがアフリカのサハラ以南か西アジアに位置すると考えている伝説の地オフィルから近東へ輸入しなければならなかったのである。ゾウの長い減少の物語は現在も続いており、東アジアの市場に出すために象牙が密猟されている（76ページのコラムおよび下記参照）。

ニネベの5段櫂船は、はるかオフィルから
陽光輝くパレスチナの港へと漕ぎもどる
積荷は象牙
そして猿と孔雀
白檀、シーダー材、それに甘いワイン。
ジョン・マンスフィールド（1878-1967）「積荷（Cargoes）」

象牙　75

強いられた変異
密猟が牙のないゾウの進化をひき起こしている。

牙のないものの生存
◆

　20世紀の密猟は、アフリカゾウの肉体的形態を変えた。20世紀初頭には牙のないアフリカゾウが生まれる割合は1％にすぎなかったが、21世紀の初めにはその値は30％に近づいている。短期的には牙がなくなったことはゾウの生存に有利に働くかもしれないが、長期的には、この強制的なゾウの進化は、サハラ以南の自然のままの生息地で生存していくには破滅的なことかもしれない。アフリカゾウは牙をもって進化したのであり、食べることや交尾など、さまざまな行動で牙を使っているのである。

　工業化以前の時代には象牙は魅力のある用途の広い材料で、十分に軟らかいため、彫刻して美しい小像や浅浮彫りや宝飾品だけでなく、箱、パイプ、印鑑、根付のような装飾をほどこした小さな工芸品も作ることができた。古代ギリシア人は木製の骨組みの上に象牙と金をほどこして驚くほど巨大なクリスエレファンティンの神像を作り（79ページのコラム参照）、ローマ人は死者を象牙の彫刻で装飾した棺に入れて埋葬した。しかし、象牙は有機物なので地中に埋められるとすぐに劣化し、古代に象牙で作られた多くの作品のうち現代まで残っているものはほとんどない。

　すでに見てきたように、ゾウの象牙にはピアノの鍵盤のようなもっと機能的な用途もあり、19世紀の第4四半世紀にプラスチックが考え出されるまで、ボタン、シャツの芯、扇の骨、ビリヤードの玉にも使われた。象牙の昔のもうひとつの用途が入れ歯の材料である。18世紀に陶器の入れ歯が発明されるまで、象牙を彫った義歯を金の台に差しこんでいたのである。それを使っていた有名人のひとりがジョージ・ワシントンで、人間や動物の歯、そして象牙でできた入れ歯をいくつももっていた。

　消費財やぜいたく品用の象牙の供給源となる動物はゾウだけではなかった。カバやイノシシなど大きな歯や牙をもつほかの陸上哺乳類、マッコウクジラ、イッカク、セイウチなどの海洋哺乳類からも採取された。しかし、殺した動物あたりの得られる牙の量、そしてイッカクやカ

バに比べると狩が容易だということを考えると、ゾウが選択されたのは当然である。ところで、今でも合法で規制されていないゾウ科の動物に由来する象牙の供給源がひとつある。それは大昔に絶滅したマンモスの牙で、ロシアで大量に発掘されてきた。

セルロイドがゾウを救った

　アフリカゾウの窮状は、19世紀中頃にはすでに懸念されるようになっていた。ビリヤードの玉を製造するアメリカの企業フェラン・アンド・コランダー社は、象牙の供給量が減少の一途をたどっているのを心配して、合成の代替品を考案できた人に1万ドルの賞金を出すことにした。1860年代末にアメリカのジョンとアイゼイアのハイアット兄弟が挑戦し、イギリスの発明家アレグザンダー・パークスが1862年に発明した初の人造プラスチック「パークシン」を使って実験を始めた。1870年、兄弟はニトロセルロースに樟脳をくわえた彼ら独自のパークシンを開発し、「セルロイド」と命名した。セルロイドというと今ならもっぱら映画産業を連想するが、19世紀の段階では世界ではじめて商業的に成功したプラスチックであり、さまざまな用途があった。

　ハイアット兄弟は1万ドルの賞金を要求しないで、賢明にもこの新素材を自分たちで利用することにした。1872年には「スタッフィング・マシン」というちょっと不穏当な名前［stuffには「つめこむ」という意味のほかに「偽物をつかませる」という意味もある］をつけた機械の特許をとり、これは現在のプラスチックの射出成形技術の原型である。スタッフィング・マシンでセルロイドの塊やシートを生産し、それを加工して完成品に仕上げるのである。ハイアット兄弟はビリヤードの玉の製造から始めて、ほかにもボタンや櫛、眼鏡のフレームといったそれまで象牙で作られていた品物の製造をするようになり、ずっと安価に生産することができた。アフリカゾウを救うことはおそらく優先順位の非常に低いところにあったのだろうが、ハイアット兄弟はこの動物の生存に重要な貢献をした。

絶滅
北アフリカと近東のゾウは古代に絶滅した。

違法な象牙の「洗浄」(ロンダリング)

　20世紀末に世界中でゾウの個体数の減少が深刻化し、国連は1989年に象牙の販売に対しはじめてモラトリアム（一時禁止）

を導入した。禁止は2002年に一部解除され、アフリカ南部のいくつかの国が、没収して保管していた密猟象牙の販売を許された。しかし、多くの保護活動家の話では、結果として、犯罪者集団が違法に入手したアフリカの象牙を合法の販路を通すことによって洗浄(ロンダリング)できるようになり、すでに危機に瀕しているゾウの窮状をさらに悪化させることになったという。

今ではプラスティックがあらゆる実用的用途で象牙にとって代わっている。20世紀に日本のピアノ製造業者ヤマハが、他にさきがけて象牙の鍵盤に代えて「アイボライト」を使用し、ほかの主要製造業者もみなこの動きに追随した。だが、残念ながら、違法に密猟された象牙への需要は、アジアゾウとアフリカゾウのどちらにとっても生存に対する重大な脅威でありつづけている。大量の密猟象牙が東アジアの市場に流れているのである。日本と中国（およびそのほか大きな中国人コミュニティがある国）では、伝統的に象牙を彫った印鑑を個人が使う（ただし、古くからかならずしもゾウの象牙ではない）。密猟象牙は宝飾品や美術彫刻品、観光客用のみやげ物を作るのにも使われる。

人類の有機鉱物の利用の歴史は、動物の生産者、商人、買い手にとってあまり愉快なものではない。真珠（「真珠層」の項参照）、象牙、珊瑚

密猟者の抜け道
密猟者は象牙の販売にかんするモラトリアムの一部解除を利用してきた。

象牙の肌
象牙は古代の女神の肌を表現するのに使われた。

象牙の巨像

◆

　古代ギリシアの彫刻家ペイディアス（前480頃-430）は、屋内のものとしてはそれまでで最大の彫像を2体制作した。アテナ・パルテノス（前447）とオリンピアのゼウス座像（前432）である。どちらも高さが12メートル以上あり、クリスエレファンティン、すなわち木と青銅の骨組みの上に象牙と金を貼った彫像である。アテナ女神像は、アテナイの財宝の半分以上に相当する1100キロの金のドレスとアクセサリーを「身に着け」て、アテナイのパルテノン神殿の中に立っていた。古代に失われてしまったが、ペイディアスが創造したものの荘厳さは、テネシー州ナッシュヴィルのパルテノン神殿に立つ等身大の金箔をほどこしたレプリカで十分に味わうことができる。

のような鉱物を生み出す生物は、人類のぜいたく品への欲望を満たすために絶滅寸前まで捕られてきた。そして厄介なことに、合成素材が発明されてもともとの天然品にとって代わり、それをしのぐようになっても、人間はまだ「本物」を欲しがる。しかし、おそらくゾウは最後に人類の散財を笑うだろう。なめらかで透明感のあるゾウの象牙も天然のプラスチックであり、琥珀や珊瑚と同様、現代のプラスチックやポリマーを使えば非常に簡単に模造できるのだから。きわめて慎重な消費者をもだますために、詐欺師は粉砕した骨や象牙とポリマー樹脂を組みあわせて工芸品を作る。このため、ますます希少になっているほかの有機鉱物の模倣と同じように、保護が失敗した場合でも、人間の不誠実さが人間の無知と欲深さに打ち勝つかもしれない。

　　　手はタルシシュの珠玉をはめた金の円筒
　　　胸はサファイアをちりばめた象牙の板
　　　脚は純金の台に据えられた大理石の柱。
　　　姿はレバノンの山、レバノン杉のような若者。
　　　旧約聖書『雅歌』5章14-15節［『聖書 新共同訳』
　　　日本聖書協会］

象牙　79

スレート

Esclate

分類：変成岩
起源：再結晶した堆積岩
化学式：SiO₂とその他の鉱物

◆ 産　業
◆ 文　化
◆ 通　商
◆ 科　学

スレート（粘板岩）は一般に屋根葺き材製造のための主要な天然材料として知られているが、紙が希少あるいは高価だったときには、教育の場でも学生がくりかえし利用できる資源として重要な役割を果たした。

教育場面でのスレート

「タブレット」という言葉は最近では新たな意味でも使われるようになり、今では携帯型タッチスクリーン・コンピュータ技術における最新の成果をさすが、偶然にも、子どもの頃にもっていたのを覚えているスレートでできた小さなライティング・タブレット（書字板）と大きさも形も厚さもほぼ同じである。簡素な木枠に入ったこの黒いスレート板は、可能性でいっぱいに思えた。ただし、可能性はやはり与えられた白チョークと色チョークの助けを借りて自分で生み出さなければならなかったが。別の時代の子どもにとっては、磨いただけの1枚の石が素晴らしいプレゼントで、何時間も楽しんでいられた。しかし今の子どもたちなら、きっとそれをじろじろ見て、数秒後にはどこにスイッチがあるのかたずねるだろう。だが、この手の感傷的で憂鬱な懐古主義はもうやめよう！　私はこの本をチョークでスレートに書いているわけではなく、ありがたいことにラップトップ・パソコンで書いているのだから。

紙はずっと今日のようにすぐに手に入るわけでも安いわけでもなかったから、安価で何度でもくりかえし使用できるスレートは、中世の教室では多くの利点があった。中世末期のイングランドは、教区司祭が教区の農家の子どもたちに読み書きや計算を教える村の学校が網の目のように存在したおかげで、世界でも有数の識字能力の高い社会だったと考えられている。イーストサセックス州ヘースティングにあった12世紀の石板には、アルファベットの文字と神への祈りの最初の数行がラテン語できざまれ、手本として使われていた。

> クリスマスには帰ります。みんなそうする、というか、そうしなければならないのです。みんな短い休暇のあいだ——長いほどいいです——この偉大なる寄宿学校から家へ帰る、というより帰るべきなのです。ずっとスレートに向かって算術を勉強していたので、一休みするために。
>
> チャールズ・ディケンズ（1812-70）が書いたクリスマスのあいさつ状

水ももらさぬ
スレートは現在ではおもに床材や屋根材として使われている。

葉片状の岩

　スレートは変成岩、すなわちある種類の岩石として生まれ——スレートの場合は頁岩——それが変成（変化）して新たな種類の岩石になったものである。構造的にはスレートは葉片状、つまり薄層が重なった構造をしており、割って何枚もの平らな板にすることができる。タブレット・コンピュータが石板にとって代わった現在、屋根葺き材や床材のタイルが主要な用途になっているが、それはこのスレートの性質のおかげである。スレートはスペイン北部のガリシア地方とイギリス西部のウェールズで大規模に採石されており、世界の市場へタイルを供給している。スレートは水を通さないため、耐久性のあるすぐれたタイルやスレート葺きの屋根ができる。耐水性があるということは、凍結する条件下でも、もっと吸水性のある材料なら損傷するかもしれない霜の害を受けないということでもある。

　金や銀ほど「光る」わけでも、硝石やウランのように「爆発する」わけでもないが、スレートは人類の歴史において貴重な脇役を演じてきた鉱物であり、学生たちに再利用可能で環境にやさしい文房具を提供し、授業のあいだ濡れないようにしてくれたのである。

スレート芸術
◆

　ヨーロッパ人が来る何千年も前から、アメリカ先住民は「喉あて」を作り、衣服に縫いつけるかペンダントとして身につけた。長さ約6センチの、磨いたスレートでできた喉あては、彫りこまれた線の模様で飾られていた。それは部族や一族への忠誠を示していたか、社会的階級や地位を表わす徽章(きしょう)だったと考えられている。アメリカ先住民のもうひとつのスレートの用途は、金属のとぼしい北極圏のイヌイットの伝統的なナイフ、ウルの刃の材料である。

スタイリッシュなスレート
アメリカ大陸ではスレートは芸術表現の手段として重要だった。

スレート　81

鉄
Ferreus

分類：遷移金属
起源：隕石鉄、自然鉄、鉄鉱石
化学式：Fe

◆ 産　業
◆ 文　化
◆ 通　商
◆ 科　学

遅咲きの花
鉄の生産は青銅の製錬よりはるかに複雑である。

鉄は地球の地殻中で4番目にありふれた元素だが、使える金属にするために鉄鉱石から抽出するのが比較的むずかしい。このため鉄器時代は、古代において銅と青銅の冶金術の発見に続いて人類が達成した技術的偉業であったといえる。しかし、鉄の技術が広く普及しはじめた頃、奇妙なことに人類の大部分が暗黒時代の最初のもっとも暗い時期に突入した。だがいったん鉄が定着すると、実用および産業用のほとんどの用途で鉄がほかの金属にとって代わった。

最初の「暗黒時代」

これまでの項で旧世界における銅と青銅の冶金術の出現について詳しく述べ、その製造と交易がいかに人類文明の初期の発展をうながし、通商、技術、文化、知性、芸術の水準を向上させたか見てきた。しかしこの時代は現在「青銅器時代の崩壊」(前1200頃-1150)と呼ばれているもので突然かつ容赦のない終わり方をし、その後何世紀も暗黒の時代が続いて、多くの都市の中心地が破壊あるいは放棄され、多くの地域で文明が消滅した。5世紀の西ローマ帝国の滅亡後の暗黒時代と呼ばれる時期と同じように、いくつかの地域では都市生活、文字、技術が失われたが、残った地域もある。それでも、もっとも影響の大きかった地域においてさえいくつかの中心地は残り——ただし多くが縮小した——、世界には中国のように崩壊の影響を受けなかった地域もあった。

しかし、影響をこうむったところの状況はひどく、多くの場合、致命的だった。シリア沿岸にあったウガリットの都市国家は青銅器時代には交易の要所で、エジプト、ギリシア、キプロス、メソポタミアとのつながりを維持していた。31文字からなる独自のアルファベットをもっていて、英語も含むのちの文字の発達に重要な役割を果たしたと考えられている。紀元前11世紀の初め、ウガリットは謎の「海の民」の攻撃を受けた。海の民はいまだに正体不明で、8〜11世紀にヨーロッパを襲ったヴァイキングよりずっと恐ろしい

根拠のない説
鉄の武器をもった戦士が青銅器時代を終わらせたという説は、今では信じられていない。

海賊だった。紀元前1190年頃、ウガリットの最後の王が海の民に対抗するため支援を求めるせっぱつまった手紙を近隣の国や同盟国に送り、「敵の船が来た。私の[都市]は焼かれ、敵は私の国で悪をなした」と書いている。同盟国は自国の問題に忙殺されていたため助けは来ず、まもなく都市は攻撃されて完全に破壊され、二度と再建されなかった。この地域の国々や都市には同じ運命が待っており、ハッティ(現在のトルコ、アナトリア)の帝国も10年後に歴史の記録から消えた。ファラオが支配するエジプトは海の民をなんとか撃退したが、次の世紀に南からのヌビア人の侵入により衰退した。

鉄の戦士？

古い世代の考古学者や歴史学者は、ギリシア、近東、エジプトの青銅器時代の文明を倒した海の民をはじめとする侵入者たちは、定住している敵の青銅製の武器にまさる鉄製のすぐれた武器で武装していたのではないかと考えた。それなら、ひとつの文化集団から別の集団への移行が技術の進歩という観点からうまく説明でき、アメリカ大陸でコロンブス到来以前の文化が滅びたのと同じように痛ましいことかもしれないが、結局のところ技術的変革の避けられない(そして建設的な)結果だということになる。しかし、この整然と進行する歴史の考え方は、鉄の冶金術の始まりがさらに数百年前へさかのぼることを示す考古学的発見が増えたことで、正しいとはいえなくなった。

鉄柱

◆

デリーの鉄柱は、UFO研究家のエーリッヒ・フォン・デニケン(1935生)が宇宙人が作ったとしか考えられないと主張したほど尋常でない人工物である。デニケンの主張は、ほとんど純粋な錬鉄でできているにもかかわらず、高さ7メートル、重さ6トンもあるこの巨大な柱が、16世紀ほど前、ヒンドゥーの超日王とたたえられたチャンドラグプタ2世(375-414)の治世に建てられて以来、錆びたことがないという事実による。この柱はかつてはジャイナ教の寺院に立っていたが、北インドがイスラム教徒に征服されたのちはモスクの一部になった。いつの時代でも感銘を与える鉄製のこの「奇跡」の柱が錆びないのは、高濃度に含まれている燐が表面に錆びにくい層を形成したためである。

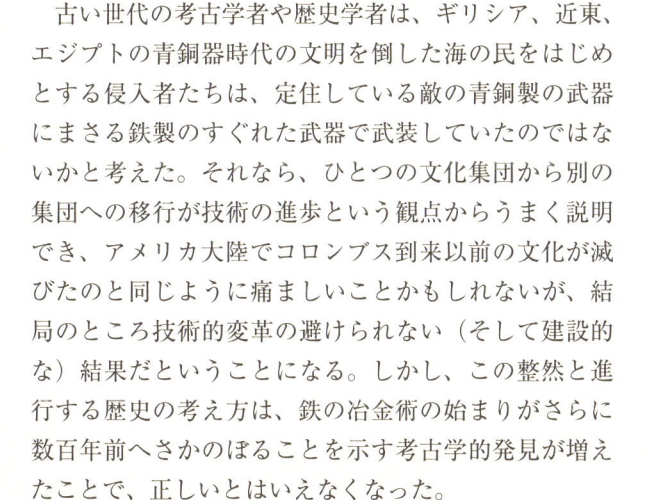

かつてはヒッタイトが紀元前14〜12世紀に鉄の加工法を発見し、海の民がその知識を得て地中海世界に広めたと考えられていたが、考古学的記録に裏づけられているわけではなく、それどころか当時のほかの定住文化と比べてハッティに鉄製品が豊富にあったわけではないことが明らかになっている。また、2005年、トルコのカマン・カレホユック遺跡の近くで発見されたものから、この地域における鉄および鋼製品の製造が今から4000年前までさかのぼることがわかった。この地域で調査していた日本のチームが発見した、ナイフの刃の一部を形成していたと考えられる2個の鉄の小片が、隕石鉄ではなく鋼を素材としていることが判明したのである。このことから、鉄の技術はヒッタイト帝国で生まれて発達したのではなく、南西または南中央アジア、おそらくはカフカス地方で発達したのではないかと考えられるようになった。

鉄器は紀元前2〜3千年紀のエジプトやメソポタミアから知られているが、初期の製品の多くは精錬をしていない隕石鉄（86ページのコラム参照）から作られていた。鉄の冶金術は今から4000年前にインドで発達し、紀元前1千年紀までに高度な鉄産業が発達し、紀元後の初めの数世紀には大きな鍛造品を生産できるようになっていた。中国にもすでに初期の鉄産業があったが、中国では青銅器時代が紀元前3世紀まで続いた。

鉄の貴婦人たち
◆

20世紀初頭に世界でいちばん高い構造物であったエッフェル塔は、フランス語では *la dame de fer*（「鉄の貴婦人」）と呼ばれ、1889年のパリ万国博覧会の入場門として一時的に使用する目的で建造された。高さ324メートル、重さ7300トンあるこの塔は、銑鉄を撹錬して作った錬鉄でできている。鉄を使用したもうひとつの重要な歴史的建造物が自由の女神像で、もともとの骨組みは鉄でできていたが、20世紀末にステンレス鋼に交換された。

素晴らしい展示物
鉄製のエッフェル塔は万国博覧会の入場門として建造された。

たたいてみよう

　青銅器時代の文明が鉄について知っていたのなら、なぜ鉄はもっと早く青銅にとって代わらなかったのだろうか。空気と湿気にさらされると腐食するという残念な性質があるものの、鉄は銅や青銅より軽くて強く、切れ味のよさが保たれるため、鎧用や刃がついた武器用にすぐれている。あとの項で扱う鋼は、軟らかすぎるかもろすぎる錬鉄や鋳鉄よりずっと武器の製造に適している。まだ解けていないこの考古学の謎は、おそらく技術、美学、通商といったいくつかの部分に分けることで答が出てくるだろう。

　まず技術からはじめると、鉄を生産し道具や武器に作り上げるのは、銅と青銅のどちらと比べてもはるかに複雑である。銅鉱石を炉で溶解すると、液状の銅は底に沈み、不要なものつまりスラグは上に浮かぶ。そうしたら炉から金属を型へ比較的容易に注ぐことができる。だが、鉄鉱石を青銅器時代の温度が低い炉に入れると、液体にならずに固体のままで、金属とスラグからなる海綿状の塊になったはずである。銅の精錬の副産物としてできた鉄は、おそらく役に立たないものとしてすてられたのだろう。歴史のある時点で、鍛冶屋がこのつまらない半分融けた塊に興味をそそられ、それまでにも大勢の人間がしてきたこと、たたいて何が起こるか見てみようという気になったにちがいない。

　この段階は「鉄の花」［英語でiron bloom、日本語では塊鉄］と呼ばれ、まだ融けているあいだに金床の上でたたけばスラグが追い出され、再加熱と槌打ちを何度もすると錬鉄が残る。この工程は時間がかかるだけでなく、青銅の製造に比べると直観に反している。このようにして作られた錬鉄は小物を作るのには適しているが、剣のようなもっと大きなものを作るには高度な技術と専門知識、そして燃料、時間、エネルギーをよけいに投入する必要があったはずである。このようにして作られた錬鉄は、多くの試練に耐えてきた青銅におとることが多く、初期の鉄剣は困ったことに戦いでよく壊れた。

衝撃の違い
初期の鉄剣は青銅の剣よりおとる場合が多かった。

最先端
完成してしまうと鉄はほかの金属よりはるかにすぐれていた。

すぐに曲がる剣

西暦 1 世紀にローマ軍がブリタニアに侵入したとき、敵は曲がった鉄剣をまっすぐにするためにときどき戦いから引く必要があったと報告されている。ローマ軍自身は帝政期まで青銅の剣を完全には廃止せず、将校が使用を続ける一方で、軍団兵は鉄でなんとかしなければならなかった。鉄の技術はゆっくりと向上し、産業革命まではその化学は十分には理解されていなかった。このため、鉄器時代の初期には鉄製の武器の品質は個々の鍛冶師の技能と経験に左右され、鍛冶師は秘密の魔法を知っているという噂が立った。一説によると、鉄器作りには技能、時間、エネルギーを余分につぎこまねばならないため、多くの地域で普及が遅れたのだという。

おそらくさらにふたつの要因が、青銅から鉄への移行を遅らせたり早めたりする役割を果たしたと考えられる。ひとつは美的な要因で、鉄の採用を遅らせたかもしれない。比較的役に立たない金属である金がなによりも珍重されるような文化では、この力を過小評価すべきではない。銅と青銅は魅力的な黄金の色あいをしており、腐食すると同じように高く評価される緑色の緑青を生じる。これに対し鉄は、鈍い銀灰色で、腐食すると赤褐色になって汚らしくはがれ落ちる。エジプト人は鉄を嫌い、不純で醜悪な物質とみなした。神への供物として鉄を使うことはめったになかったが、エジプト人も最終的には鉄が兵器としてすぐれていることを認めた。もうひとつは通商の要因で、鉄の普及を早めたかもしれない。

一説では、青銅器時代の崩壊により、北ヨーロッパを地中海と結んでいた長距離交易網が途絶し、その結果、青銅産業はその重要な材料のひとつである錫の不足に苦しむことになったという。銅と青銅の鍛冶師は、供給量が減少する錫青銅に代わるものを見つけるほかなかったのである。だが、交易の減少、あるいはもっとも影響の

空から来た鉄

◆

19 世紀にヨーロッパ人は、グリーンランドのサビシビックのイヌイット族は鉄の道具や武器を作っているのに、この地方にはその金属の資源として知られているものがなく、鉄を抽出し精練する複雑な技術にかんする知識を彼らがまったくもっていないことを知った。この謎は 1894 年にようやく解けた。アメリカの探検家ロバート・ピアリー（1826-1920）が、これまで地球上で発見された最大の隕鉄の塊から鉄の原料がとられていることを発見したのである。この隕石は今から約 1 万年前にケープ・ヨークの近くに落ちたもので、いくつもの大きな塊に分かれ、イヌイットにテント（31 トン）、男（22 トン）、女（3.3 トン）、犬（400 キロ）と呼ばれていた。典型的な文化破壊行為だが、ペリーはこの隕石を運び出し、いくつかの破片をアメリカの博物館に 4 万ドルで売った。

北極圏の謎
イヌイットは鉄の技術をまったくもっていないのに鉄製の器具を作った。

解けた謎
見えているのはイヌイットの鉄の原料になった隕鉄の一部。

大きかった地域ではまったく止まったというのは本当だが、その一方で近東と地中海地方では青銅は大量に生産されつづけた。旧世界では紀元前1100〜800年に鉄の冶金術が完全に確立したが、多くの実用的用途で紀元後の最初の数世紀まで完全には青銅から鉄に移行しなかったのである。アメリカ大陸では、鉄器時代は15世紀のスペイン人の到来とともに始まった。メソアメリカの主要な文明のうちアステカとマヤは金と銀の鍛冶師としては優秀だが、石器時代と青銅器時代の技術で暮らしていたし、南米のインカをはじめとするアンデスの文明は銅と青銅の加工法は知っていたが鉄については（隕石鉄以外は）知らなかった。旧世界と新世界のあいだの冶金技術の差が、アメリカ大陸がなぜすぐに征服されたのかを説明するひとつの要因である。

緑の革命
鉄の用具が農業生産に大変革をもたらした。

鉄鍋
古代中国人がはじめて鋳鉄製の調理器具を作った。

鋳鉄

鉄の技術は、高温の炉を必要としない錬鉄から、必要とする鋳鉄へと進化した。最初の鋳鉄は紀元前1千年紀に中国で作られた。あれほど多くの発明をして世界に伝えた中国であるが、鉄の冶金術にかぎっては遅れをとっていた。考古学者は、錬鉄作りの秘密は中央アジアから中国に導入されたと考えている。その頃、中国にはきわめて高度な青銅の鋳造技術があり、ヨーロッパや近東の炉よりかなり高温にできる非常に効率的な炉があった。きっと、錬鉄を作っていた中国人の鍛冶師の炉が1150℃という魔法の温度に達したにちがいない。この温度では、たたいて錬鉄（熟鉄）にできる塊鉄を形成せず、炉のなかで炭素と結合して炭素を2％以上含む鉄と炭素の合金となって融け、固まって鋳鉄（生鉄）になるのである。この新しい種類の鉄は、青銅のように型に注ぎこむことができた。紀元前1千年紀の中頃には、中国人は大釜のような大きな鉄製品を鋳造していた。中国人は紀元前1世紀になる前に送風機をそなえた溶鉱炉を開発し、西暦1世紀にはそれに水車で動力を供給していた。西洋で同様のものが開発されたのは中世から近世初期である。

鉄と鋼の技術は中国に農業などの産業の発展をもたらしただけでなく、それほど進んでいない近隣の国々を支配することを可能にした。西暦2世紀には漢王朝（前206-後220）が鉄の生産と販売を独占するようになり、鉄の道具や兵器の輸出を禁止して「野蛮な」近隣諸国に対する優位を保った。鉄の品質を向上させたもうひとつの中国の発明が「撹錬法」で、文字どおり溶融鉄を撹拌して炭素含量を変える技術である。こ

鉄橋
鉄の技術の進歩は、公共の土木工事におけるこの金属の使用につながった。

風景を変える
鉄に対する膨大な需要が、露天掘りで風景を変えてしまった。

の場合も、この技術が西洋で発明されるのは何世紀もあとのことになる。しかし、17世紀以降は鉄と鋼の技術革新はすべて西洋で起こった。ヨーロッパにはイギリス、ベルギー、ドイツのルール地方のような高品質の石炭と鉄鉱石がとれる地域がいくつかあり、蒸気動力のような新しい工業技術の開発に有利だった。イギリスは1780年代のすえつけ型の蒸気機関、1830年代の鉄道の開発で主導権をにぎった。このふたつが進歩するには、ボイラーやレール、建築部材用に十分な強度のある鉄を供給できる相応の冶金術が発達する必要があった。

あなたの神、主はあなたを良い土地に導き入れようとしておられる。それは、平野にも山にも川が流れ、泉が湧き、地下水が溢れる土地、小麦、大麦、ぶどう、いちじく、ざくろが実る土地、オリーブの木と蜜のある土地である。不自由なくパンを食べることができ、何一つ欠けることのない土地であり、石は鉄を含み、山からは銅が採れる土地である。
旧約聖書『申命記』8章7-9節［『聖書 新共同訳』日本聖書協会］

カオリン
Gaoling

分類：珪酸塩鉱物
起源：カオリナイト
化学式：$Al_2Si_2O_5(OH)_4$

◆ 産　業
◆ 文　化
◆ 通　商
◆ 科　学

秘密の製法
カオリンは中国人が磁器作りに使う基本的な材料である。

カオリンは、西洋でポーセリン（磁器）と呼ばれる、高温で焼成された中国の焼き物を生産するための主要材料のひとつである。中世にはじめてヨーロッパに輸入されて以来、大いに称賛された中国の磁器は、18世紀の初めにようやくドイツで再現された。

悪事と「白い金」

もっと前から根拠のない主張があるにはあったが、ヨーロッパで作られた最初の高温焼成の磁器は、18世紀初頭にドイツのザクセンで生産されたものである。製法の発見者は従来は錬金術師のヨハン・ベドガー（1682-1719）とされていたが、おそらくドイツ人の博識家エーレンフリート・フォン・チルンハウス（1651-1708）であろう。数学者で医師、物理学者でもあるフォン・チルンハウスは、それまで高い費用をかけて中国や日本から輸入されていた磁器の再現に興味をもつようになった。実証主義の科学者である彼は、1704年頃、粘土の種類と焼成温度を変えて実験し、小さな磁器のカップを作ることに成功した。

その頃、フォン・チルンハウスは、卑金属を金に変成できると主張したあとプロシア王の宮廷から逃亡していた19歳の錬金術師ヨハン・ベドガーの世話をまかされていた。ベドガーを「救った」ザクセン選帝侯アウグスト2世強健王（1670-1733）も秘密を知りたがり、この若者をフォン・チルンハウスの保護監督下に置いたのである。最初はベドガーはフォン・チルンハウスの磁器にかんする研究にまったく興味を示さなかったが、1707年に王から金を作るようにしつこく要求され、しぶしぶこの年上の男を助けることに同意

した。ベドガーがフォン・チルンハウスの発見にどれくらい貢献したかは不明だが、1708年にフォン・チルンハウスが突然赤痢で死んだ3日後、彼が作った磁器のカップが家から盗まれた。現在では、ベドガー自身が泥棒したと考えられている。そして翌年、ベドガーはアウグストに磁器の製法を発見したことを告げた。1710年、大いに喜んだアウグストはザクセンに新しく設立した磁器工場の長にベドガーを任命したのだが、この工場がのちに世界的に有名なマイセン工場になるのである。ベドガーは金を作ることには成功しなかったが、マイセンの高品質の磁器は「白い金」と呼ばれるようになった。

泥棒するな！
チルンハウス（左ページ）の発見を盗んだ男ベドガー（上）。

まねはお世辞と同じ
マイセンによる中国製オリジナルのコピー。

チャイナ・コネクション

古来、中国人は「磁器」という言葉をヨーロッパで使われたような意味では解釈していなかった。ポーセリンは、ラテン語あるいはイタリア語の*porcellana*に由来し、これは甲殻類と貝類のいくつかの種をさし、その色のついた繊細な貝殻が中国の陶磁器に似ていると思われたのである。イギリスでは磁器に、それが生まれた国にちなんで「チャイナ」というもうひとつの名前が与えられた。中国人自身は陶磁器を別のやり方で分類し、たとえば高温焼成のものと低温焼成のもの、黄河と揚子江が作る境界線によって南部のものと北部のものに分けたり、装飾、色、様式、あるいは製造時期によって分類した。

中国の磁器はカオリンから作られ、カオリンという名称は、いまだに中国の「磁器の都」と呼ばれる江西省の景徳鎮という都市にある地名「高陵」のヨーロッパ読みに由来する。磁器は高陵土から抽出されたカオリンに、陶石あるいは白不子と呼ばれる長石質岩石、長石、石英を混ぜて作る。非常に長いあいだヨーロッパ人から隠された磁器の秘密は、地球のいたるところにあるその材料だけでなく、約1300℃という高い焼成温度にあった。これにより粘土はガラス化してきわめて硬く半透明の物質になり、陶器よりずっと薄くでき、マイセンの人形のようにまるで彫刻したような複雑な形を作ることも可能になるのである。

中国の贈物

西ヨーロッパにやってきた中国の磁器でもっとも古い記録があるのは14世紀初めの青白磁の壺で、景徳鎮の窯元で作られたものである。1338年にローマへ行って教皇に謁見した中国の使節団が、ハンガリーの王に壺を贈った。手に入れた王はすぐにワインピッチャーとして使えるようにその壺に銀の土台と取っ手、蓋、注ぎ口をつけさせた。その後、ヨーロッパの何人もの王に所有されたのち、ブリテン諸島へ渡ってフォントヒル・アビーのコレクションにくわわり、そこでオリジナルの形に復元された。

磁器の材料は2種類の粘土からなり、ひとつはペツンツェ、もうひとつはカオリンと呼ばれる。後者はかすかに光る微粒子が混入していて、前者はただ白くて触れると非常に細かい。
伝道師グザヴィエ・ダントルコール（1664–1741）の書簡（1712年）より

中国ではじめて磁器が作られた正確な時期については、まだ学者のあいだで議論が続いている。この問題が複雑になっているのは、広く受け入れられている磁器の定義というものがなく、磁器の原型と本当の磁器の違いがあいまいなままだからである。一部の専門家によれば、本当の磁器がはじめて作られたのは漢王朝（前202–後220）の時代だとされているが、カオリンを高温で焼いて作ったものは今から約3000年前のものが見つかっているという。素人でもすぐに磁器だとわかる中国の器は宋（960–1279）や元（1279–1368）、そして明（1368–1644）の時代に作られたもので、とくに明の時代の染付［白地に青で模様を描いた陶磁器］はのちにヨーロッパで大いに模倣された。

余談だが、焼き物の歴史で興味深いのは、卵の殻のように薄くアラバスターのように光を通す磁器を製造できるほどきわめて高い水準に達した中国人が、ガラス製造業を発達させなかったことである。古代にガラスのビーズや円盤を作ったが、近代まで瓶や窓のためのガラスは作らなかったのである。

壊れやすい宝物
中国の工場からやってきた陶工の傑作。

認められた模様
ウィロー・パターンはイギリスでもっともよく知られている「チャイナ」の装飾である。

美しい骨

　景徳鎮のイエズス会の伝道師グザヴィエ・ダントルコールは、1712年から磁器の製法を説明する一連の書簡を送った（左ページの引用句参照）。マイセンではすでに数年前にフォン・チルンハウスとベドガーが突破口を開いていたが、この書簡に勇気を得てフランスやイングランドのようなヨーロッパのほかの国の製造業者も独自に磁器について実験した。こうして18世紀には軟質磁器と硬質磁器という異なる種類の磁器が登場した。軟質磁器は1756年にセーヴルに設立された王立工場で製造され、ヴェルサイユのフランス宮廷の需要を満たした。

　イギリス版の軟質磁器が「ボーンチャイナ」で、1748年にロンドンではじめて作られ、1790年頃、ジョサイア・スポード（1733-97）がストークオントレントにある自分の工場で完成した。ボーンチャイナでは、カオリン25％にコーンウォール石が25％と骨灰が50％混ぜられている。焼成温度は1200℃で、硬質磁器の場合よりわずかに低い。ボーンチャイナの非常に長く続いている装飾図柄のひとつが「ウィロー・パターン」（柳模様）で、これは中国の染付を手本にしたものである。最初は皿に中国の庭園風景を手で描いていたが、のちには転写技法が用いられた。身分の低い使用人が高級官吏の娘に恋をする夢のような物語は、この模様が大衆受けするように創作されたものである。この様式は非常に人気が出て、中国の製造業者がヨーロッパへの輸出用に模倣するほどになった。

火宅のごとし

◆

　フランスの生徒なら男子も女子もみんな、ベルナール・パリシー（1510頃-89）がヨーロッパではじめて磁器に似た焼き物を作るのに成功した人物だと教わる。パリシーは中国の磁器を1点見てから、20年間とりつかれたように研究し、それを再現しようとした。ときには資金不足で家具や床板を窯で燃やさなければならないこともあり、パリシー夫人のいらだちと落胆はたいへんなものだったろう。パリシーは磁器の再現には成功しなかったが、錫釉薬をかけて装飾をほどこした陶器を開発し、それはのちに「パリシー・ウェア」と呼ばれた。

カオリン　93

グラファイト
Graphit

分類：自然元素鉱物
起源：変成岩、火成岩、隕石中に存在
化学式：C

◆ 産　業
◆ 文　化
◆ 通　商
◆ 科　学

グラファイト（石墨、黒鉛）はさまざまな重要な産業利用の場面があるが、この鉱物のふつうの人にもっともよく知られている用途は鉛筆の芯である。グラファイトの鉛筆がはじめて登場したのは16世紀で、文字を書くことと絵を描くことの両方に大変革をもたらした。

この島国

イングランド（およびもっと一般的にブリテン諸島）の独立独歩の気風は、ヨーロッパ大陸の端にある島国だという事実に負うところが大きい。ドーヴァー海峡は幅が34キロしかないが、イングランドにとって大陸からの侵略に対する強力な防壁となった。この海峡をもってしても防げなかった事例はふたつしかなく、1世紀にローマが何度か侵入したのちに永住し、11世紀にノルマン人が1066年のヘースティングズの戦いでイングランドの抵抗を打ち破った。もちろん、もっとあとにも脅威にさらされたことはあり、たとえば1803年に皇帝ナポレオン1世（1769-1821）が侵入を夢見たし、1940年にはアドルフ・ヒトラー（1889-1945）が同様のことを計画した。しかし、イングランドの独立にとって最大の脅威は1588年にやってきた。スペイン国王フェリペ2世（1527-98）が、イングランドを征服してプロテスタントの女王エリザベス1世（1533-1603）を廃し、この国をカトリック教国に戻すため、スペインの無敵艦隊として広く知られている「Grande y Felicísima Armada（最高の祝福を受けた大いなる艦隊）」を出撃させたのである。

侵攻はフェリペが立案し、スペイン領ネーデルランド（現在のベルギー、ルクセンブルク、オランダの一部）のパルマ公（1545-92）と艦隊の司令長官メディナ＝シドニア公（1550-1615）のふたりが指揮をまかされ、スペインとポルトガルの基地から艦隊が出港してフランドル沖で上陸部隊と合流することになっていた。スペインの艦隊は海峡に入ってイングランドの艦隊と交戦したが、イングランド側はすぐれた海軍技術だけでなく火薬とピッチを満載した「火船」をうまく使って、首尾よく無敵艦隊を阻止して上陸部隊と合流できなくした。スペイン艦隊はスコットランドとアイルランドをまわる航路で帰国せざるをえず、大損害を受けた。

不思議なマーカー
天然のグラファイトは加工しなくてもカットするだけで鉛筆になる。

砲弾競争

　イングランド軍がスペイン軍よりまさっていた技術的戦術的優位のひとつが、海軍の銃砲だった。それまで何世紀にもわたって海戦の主たる戦術は、敵船に十分近づき、引っかけ鉤で動けなくして、海兵が乗りこめるようにするというものだった。目的は船を沈めるのではなく捕らえることにあり、それは船自体が価値のある戦利品だったからである。しかし、重装備の大きなスペインのガリオン船と交戦する場合、小さなイングランドの軍艦は機動性のよさや、相手の射程距離外にいながら敵船を沈められるという強みを最大限に生かさなければならなかった。そして、この強みの一因がグラファイトにあったのである。

　グラファイトのもっともよく知られた用途は、筆記用や描画用の鉛筆の製造である。英語では鉛筆の芯はふつう「lead」[「鉛」の意]といわれるが、実際には黒いグラファイト・カーボンすなわち粉末のグラファイトに粘土を混ぜたものである。グラファイトは「耐火物質」として使用して鉄の鋳造を改善するなど、古くから産業上の用途にも利用されていた。16世紀前半にイングランド湖水地方のグレイ・ノッツ・フェルで「黒い金」が掘りあてられた。石油ではなく、地球上で最高純度といえるグラファイトの鉱床である。地元の人々はこのグラファイトが羊に印をつけるのに便利だということに気づき、19世紀後半まで鉛筆が作られた。しかし、エリザベス女王時代には鉄の砲弾用の鋳型の内張りにする耐火物質として使われた。その結果できた砲弾は従来のものより丸くてなめらかで、発射すれば遠くまで正確に届き、イングランド海軍は大陸の敵より有利になった。このようにしてイングランドのグラファイトは、イングランドがプロテスタント国として独立を維持し、20世紀まで続くことになる海軍の優位を獲得するうえでその役割を果たしたのである。

成功
グラファイトはイングランド軍が砲撃でスペインの無敵艦隊を破る一因となった。

先をとがらせて
現代の鉛筆の芯は粘土とグラファイトでできている。

何があっても私はふたたび立ち上がるだろう。ひどく落ちこんでいたときにすてた鉛筆をとりあげ、絵を続けるのだ。
フィンセント・ファン・ゴッホ（1853-90）

石膏
せっこう
Gypsatus

分類：硫酸塩鉱物
起源：堆積岩（砂や温泉沈殿物としても存在）
化学式：$CaSO_4 \cdot 2H_2O$

◆ 産　業
◆ 文　化
◆ 通　商
◆ 科　学

塗る
石膏は家庭で使われている石膏プラスターの主要成分である。

石膏は砂や結晶、アラバスター、そして堆積岩中の白亜質の堆積物と、いくつものかたちで存在する。建築、美術品、医療で重要な役割を果たしてきた焼き石膏の主成分である。

ギプスをはめる

2002年にイタリアでサイクリングをして休暇をすごしていたとき、ローマの北にある絵のように美しいラツィオの丘陵をくだっていて、自転車から転落してしまった。特別ひどい転落ではなく、最初は痛みよりショックのほうが大きかった。体の埃をはらい、自転車に損傷はないか確認した。宿に入り、何時間か眠れない苦しい夜をすごしたのち、ようやく転落したときにどこか折ったらしいことに気づいた。地元の病院になんとかたどり着いて手のX写真を撮ってもらうと、小さいけれど困ったことに重要な舟状骨が折れていると診断された。この骨は手と腕をつないでいる手根骨のひとつである。ほどこされた治療は、肘から手の指の根元にかけて石膏のギプスで固定し、手首が動かないようにして骨が治癒するのを待つというものだった。

ギプスは、19世紀からこの目的で使用されている伝統的な材料である焼き石膏を含んだ包帯でできていて、焼き石膏は数分で乾き、1時間もたたないうちに前腕の周囲に硬化した鞘が形成された。骨がちゃんとつながるように関節を完全に動かないようにする必要があると、医者が怪しげな英語で説明した。休息をとり、激しい運動はできるだけ避けるようにという助言を受けたが、サイクリング休暇の最中だったから、助言はある程度割り引いて聞いた（つまり無視した）。

骨折したときに手足を固定するのは新しいアイデアではない。工業化以前の時代でも、医師たちは腕や脚が折れた人に誤った処置をすれば手足の機能が完全に失われることもあるのを知っていた。紀元前5世紀にギリシアの医師ヒッポクラテス（あの「誓い」のヒッポクラテスだ）は、患者を固定して骨が正しい位置で治るようにする、ロー

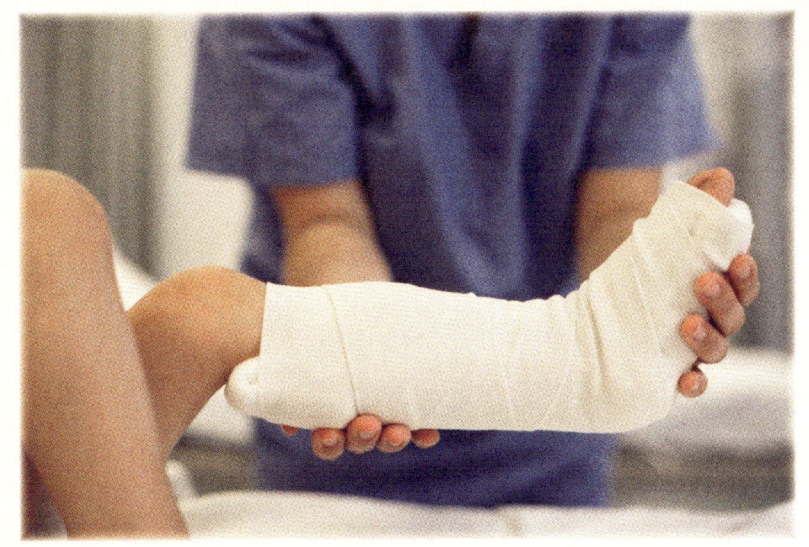

固定する
焼き石膏包帯が骨折の治療を変えた。

プと滑車の装置をそなえた台を用いて折れた骨を整復する方法を推奨した。古代や中世の医師は、添え木を固めた包帯で固定して骨を正しい位置に保つやり方を知っていた。19世紀まで、包帯を固めるためにさまざまな物質が使われた。たとえばエジプトの医師は、ミイラ作りのときに使われる材料や手法を用いた。X線などのハイテクの画像処理技術がある今日でさえ、骨を正しく整復しなければ、患者に障害や痛みが残って手術が必要になったり、ふたたび骨折することがある。

骨折を治療するときに患者や医師にとって問題となるのは長期間動けないことで、生活のために働かなければならない人や、すぐに応急処置をする必要がある戦場の兵士にとっては現実的でなかった。19世紀になると、一般市民や軍のために働く医師は、包帯を固めるさまざまな方法について実験を始めた。医師たちが見つけたもっとも適した材料は、すばやく乾く石膏プラスターとして芸術や装飾で使われていた焼き石膏だった(英語ではplaster of Parisといい、フランスの首都パリのモンマルトル地区で発見された大規模な石膏鉱床にちなんでこう呼ばれる)。初期の実験では腕や脚全体をかなり大き

深さ15センチ、体肢全体が十分入る長さの木箱か桶を用意し(…)それから液状の焼き石膏を厚さ2.5センチで体肢を覆うまで箱に注ぎ入れた。
「骨折治療における焼き石膏(Plaster of Paris in the treatment of fractures)」ランセット誌(1834)より

カルシウムのご馳走

◆

伝統的な東アジアの食事には乳製品が少なく、天然のカルシウムが少ししか含まれていないが、カルシウムは健康な骨や歯の形成や維持のために重要である。豆乳を凝固させてブロック状にした豆腐はヨーロッパのモツァレラやリコッタなど低温殺菌処理をしないチーズに似ており、カルシウムの豊かな供給源になっているが、それは大豆自体に由来するのではなく、なめらかな大豆ペーストをそぼろ状の柔らかい豆腐にする凝固剤として石膏が使用されているからである。

冷たい砂
◆

　非常に特殊な条件下では、石膏は浸食されて細かな白い砂になることがある。浜で見慣れたシリカの結晶でできた黄色い砂とは異なり、石膏の砂の結晶は水に溶ける。ふだんから雨が降り川のある地域では、石膏の結晶は溶けて川で海へ運ばれてしまう。しかし、アメリカのニューメキシコ州にある標高が高く山に囲まれ乾燥した盆地は、大量の石膏の結晶が蓄積し吹きよせられて砂丘を形成するのにちょうどよい条件で、ホワイトサンズ国定記念物ができている。ほかの種類の砂と違って白い石膏は太陽の熱を吸収せず、暑い夏でもその上を快適に歩いたり滑ったりできる。

なギプスで包み、そうすれば折れたところがうまく治るのは確かだが、患者は数週間動くことができなかった。
　焼き石膏包帯がはじめて導入されたのは19世紀中頃のことで、あるオランダ人軍医が乾いた焼き石膏をまぶした細長いリネンを使い、折れたところに巻くときに湿らせた。数年後、ロシアの外科医が同じような方法を考案して、クリミア戦争（1853-56）の負傷者を治療した。19世紀末までに、民間の病院でも軍の病院でも、この手法が骨が折れたりひびが入ったりしたときの標準的な治療法になった。ぎこちないものの、脚や腕にギプスをしていてもある程度は動かすことができ、それは私自身のイタリアでの体験から証言できる。少し扱いにくい新しい石膏のアクセサリーにもくじけることなく、ほかのサイクリストやドライバーからちょっと変な目で見られながらも、残りの160キロかそこらの距離を完走してローマに着き、楽しかったけれどギプスで固定されたサイクリング休暇を終えたのである。6週間後にはギプスは役目を終え、骨が治っていたことを、読者の皆さんに確信をもって伝えることができる。

熱くならない
浜辺の砂と違って、石膏の砂は太陽に照らされても熱くならない。

室内装飾
石膏プラスターを使って室内装飾の複雑な模様を成型することができる。

彫刻家が選んだもの

　石膏の初期の用途のひとつが石膏アラバスター(雪花石膏)のかたちでの利用で、これは軟らかく透明感のある、装飾や彫像の複雑な形を彫るのに理想的な材料である。本物つまり方解石のアラバスターで作られた品物のほか、石膏アラバスターの彫刻も旧世界のあらゆる主要な古代文明で見つかっている。中世には、イギリスで繊細な祭壇背後の飾りや石棺の彫刻を彫るのにこの石が使われた。しかし、石膏は水に溶けるため、屋外の建物や装飾材料としては使用できなかった。石膏は焼き石膏のかたちでも芸術に利用され、金属鋳造の彫刻の鋳型としたり、美術館の展示や美術学生用の手本などとして既存の美術作品の複製を作製するのに使われる。

　石膏で作った複製品の世界でもっとも有名なコレクションを、ロンドンにあるヴィクトリア・アンド・アルバート美術館の石膏レプリカ展示室で見ることができる。再現された芸術作品には、ミケランジェロのダヴィデ像のような実物大の彫像のほか、サンティアゴ・デ・コンポステーラの栄光の門のような歴史的建造物の一部もある。そしてもっとも印象的なのは、西暦113年にローマに建てられたトラヤヌスの記念柱の完全なレプリカで、これはオリジナルの高さの関係で半分に切った状態で展示しなければならなかった。

見本の成型
美術館に展示するために主要な芸術作品が石膏プラスターで再現されている。

石膏　99

水銀
Hydrargyrum

分類：遷移金属
起源：自然水銀および鉱物、とくに辰砂
化学式：Hg

◆ 産　業
◆ 文　化
◆ 通　商
◆ 科　学

金が富の、鉄が工業の象徴なら、水銀は魔法と疑似科学という人類の長いオカルトの伝統を象徴する。この元素の化学的性質が完全に理解される前は、水銀はエリキサと賢者の石という錬金術の双子の空想物と密接な関係をもつ準魔法的な物質とみなされていた。エリキサは不死をもたらし、賢者の石は卑金属を金に変えるといわれた。水銀は医薬として使われたが、今日では毒性が強いことが知られており、工業化時代のもっとも危険な汚染物質といってよいだろう。

帝国の誕生

紀元前3世紀の地球上でもっとも強大な権力をもつ人物はアレクサンドロス大王（前356-323）の子孫でもローマの執政官でもなく、中国の最初の皇帝である秦の始皇帝（前259-210）であった。「青銅」と「鉄」の項で触れたように、ヨーロッパ南部と近東では青銅器時代の崩壊（前1200頃-1150）のときに文明の壊滅的な衰退を経験し、それによって最初の暗黒時代が始まり、この地域での新たな文明の台頭と青銅から鉄への技術の移行がうながされた。

これに対し中国の文化と技術はまったく異なる道をたどった。中国自身の伝統的な歴史によれば、文明は夏王朝（4100-3600年前頃）とともに始まった。考古学者たちはまだ夏の物的証拠を得ていないが、商王朝（前1600-1046）にはとりわけ上質の青銅器を生産する高度な都市文明が存在した証拠がある。現在の河南省と陝西省にあたる商の中心地から、中国の文明は徐々に広がって中国中央部と北部全体を占めるようになった。この地域は文化の面では統一されていたが、政治的には戦国時代（前475頃-221）の終わりまでいくつかの王国に分かれたままだった。秦国の王、すなわち始皇帝は、情け容赦

> 辰砂は加熱すると「生きている」水銀を生じるため、寿命を延ばすエリキサの材料としてよく使われるようになった。ほかの金属を金に変えることができるだけでなく、命を無限に延ばすことができるとされた。
> R・スウィンバーン・クライマー『錬金術と錬金術師（Alchemy and the Alchemists）』

有毒な鉱石
辰砂は高濃度の水銀を含むため有毒である。

むだ足
中国の始皇帝は、船を派遣して不老不死の霊薬を探させた。

のない征服事業を進め、1912年に君主制が倒されるまで続くことになる皇帝支配のイデオロギーを確立することにより、はじめて中国の統一をなしとげた。

死は平等にやってくる

　かぎりない権力と富をもつにもかかわらず、この中国の最初の皇帝は深く悩める男だった。彼に続く多くの権力者と同様、現世のいかなる力や富をもってしても変えることのできない、人間の生存にかんするひとつの明白な事実、つまり死を恐れていたのである。しかし、それでも皇帝が死神をだます方法を見つける努力をやめることはなかった。人類が世界についての科学的理解を進めるよりもっと前の時代、中国人は呪術に数多くの驚くほど正確な自然観察を組みあわせた信念体系を発達させた。中国には進んだ医学の体系があったが、人体の構造や細菌説にかんする知識ではなく、気（「生命エネルギー」）の存在を信じる、体内の陰陽のバランスにもとづいた医学だった。

　中国の医者と錬金術師は、物質は土、水、火、金属、木の5つの「元素」の相互作用によって生じると考

気圧計
トリチェリは水を水銀に取り替えて、はじめて実用的な気圧計を作った。

空気のように重い
◆

　科学革命以前は、大気すなわち地球をとりまく気体の層は、地球の表面に何も力をおよぼしていないという考えが受け入れられていた。なんといっても空気には重さがないように見えるのだ。しかし、私たちは真空中で生きているのではなく、空気には質量があるはずで、したがって大気は地表面やその上にある物体に影響をおよぼしているはずである。ガスパロ・ベルティ（1600頃-43）、ガリレオ・ガリレイ（1564-1642）、エヴァンジェリスタ・トリチェリ（1608-47）など何人ものイタリアの科学者が一連の実証実験を行なって、現在「大気圧」と呼ばれているものを調べた。ベルティは高さ10.5メートルの端が開いた管からなる装置を考案し、管に水を満たして水を張った容器に立てた［管の上端は閉じ、下端は開いた状態にする］。すると水は下から流れ出ずに、空気の圧力によってある高さで維持されたのである。ベルティの装置でうまく大気圧を測定することができたが、日常的に使うには大きすぎて実用的でなかった。ベルティの実験から、トリチェリは水より重い液体を使って空気の圧力を測定することを思いついた。水銀を使ってみると柱の高さを80センチまで短くすることができ、こうして初の実際に使える水銀気圧計が生まれたのである。

流れる金属
水銀は室温で液体であり、金属のなかでも特異な存在である。

変成
錬金術師は水銀を金に変えることができると主張した。

えた（これに対し西洋では土、空気、水、火、そして場合によっては採用される5番目のエーテルからなる）。ヨーロッパ、近東、インドの錬金術師と同様、中国の錬金術師も不老不死の霊薬の存在を信じていた。それを作るため、翡翠、金、そして辰砂から抽出される「生きている金属」クイックシルバーすなわち水銀のような、時がたっても腐食しない物質に目を向けた。始皇帝はかなりの時間とエネルギーと金銭をつぎこんで、不死の秘密を明かそうとした。不老不死の霊薬を探して何度も遠征の船を派遣し、錬金術師たちにそれぞれ独自の霊薬を調合させた。のちの処方箋から、そうした霊薬は命を延ばす成分としておそらく砒素、硫黄、水銀を含んでいたと考えられている。

今では水銀はきわめて危険な汚染物質であることが知られており、食物連鎖のなかでとくに貝や魚に蓄積し、やがて人間に食べられる。水銀中毒がきわめて破壊的なかたちで発生したのが水俣病で、1950年代から60年代にかけて日本で数万人が被害を受けた。この病気の症状は筋力低下、神経障害、精神錯乱、麻痺などで、重症では死亡する。始皇帝はおそらく最初からかなり偏執狂的だったのだろうが、寿命を延ばすために水銀を常用していたことが、狂気への転落と49歳という若さで死ぬ一因になったのだろう。

世界でもっとも偉大な皇帝にふさわしく、始皇帝は陝西省西安市近郊にある壮大無比の陵墓に埋葬された。墓は巨大な墳丘の中に建設されたが、1974年に発見された始皇帝陵関連遺構のもっとも見ごたえのある部分は、始皇帝陵の周囲を守って立つ等身大の戦士総勢8000の兵馬俑である。史記の記述によれば、埋葬室には水銀で川が再現された帝国の巨大な地図など、さらなる驚異があるという。それが本当かどうか、そして墓が完全なままなのかそれとも大昔に盗掘されたのか、現代になって陵墓が開かれたことがないため不明である。無神論と偶像破壊主義を

死をもたらす金属
水銀はきわめて毒性の高い産業汚染物質である。

とる毛沢東（1893-1976）の共産党独裁政権でさえ、この国の始祖の眠りをあえて邪魔することはなかったのである。しかし、遠隔探測により、墳丘の内部に大きな部屋が存在するだけでなく、土壌中の水銀濃度が非常に高いことが判明している。

　まったく根拠のない不老不死の霊薬エリキサと卑金属を金に変えることができる賢者の石を発見することへの執着は、17世紀に科学革命が起こるときまで錬金術師の頭を占めつづけた。重力を発見したアイザック・ニュートン（1642-1727）のような近代科学の父とみなされている人々の多くは錬金術師でもあり、不死の探求は物理学や化学といった近代科学の成立にとって重要な役割を果たしたのである。

記念の泉

◆

スペインのアルマデーンは古来、辰砂から水銀を生産する世界最大級の産地である。スペイン内戦（1936-39）のとき、この都市はフランコ将軍（1892-1975）の軍隊による容赦のない包囲攻撃を受けた。アメリカの彫刻家アレクサンダー・コールダー（1898-1976）は、この残虐行為を記念するものとして、1937年のパリ万博のために水銀の泉を制作した。この循環式の泉は現在はバルセロナで常設展示されている。

カリウム
Kalium

分類：アルカリ金属
起源：鉱石および洞窟に堆積した有機物
化学式：K

◆ 産　業
◆ 文　化
◆ 通　商
◆ 科　学

　金属カリウムが分離されたのは19世紀初めになってからだが、カリウム化合物は古代からいくつもの重要な用途で使われ、とりわけ土壌中のカリウム欠乏を補うための肥料として、そして石鹸の製造で使われるアルカリのひとつとして利用されてきた。

きれいにする

　ヨーロッパにおける石鹸の起源についてはふたつの対立する説があり、ひとつはローマ人が作り方を発見したというもの、もうひとつは蛮族のガリア人やゲルマン人の発明だというものである。ローマの説は次のような話である。ローマのテベレ川を望むサポーの丘の上に神殿があって、ローマの習慣に従って動物が生贄にされ、生贄が神々のもとにとどくように積み薪の上でその肉が焼かれた。その結果できた木灰が動物の死骸と混ざり、カリ（炭酸カリウム K_2CO_3）と動物の脂というふたつの石鹸の成分が丘を下るあいだに結合し、テベレ川まで行くとそこで水になみはずれた洗浄力を与え、この地域の女性たちに大いに喜ばれたという。

　この話は面白くはあるが、現在では完全に作り話だと考えられている。動物が生贄にされると、おいしいご馳走である肉と脂肪は聖職者や信者によって食べられ、その一方で神々は皮や内臓、骨で我慢しなければならず、こうしたものには物語にあるようにして石鹸ができるほど十分な量の獣脂が含まれていなかったはずである。古代ギリシア人もローマ人もみずからを清潔に保つことについてはうるさく、公衆浴場で有名だが、体をきれいにするのに石鹸を使ってはいなかった。ギリシアの競技者たちはギュムナシオンでの一日の厳しい訓練のあと、オリーヴ油と砂を体に塗ってストリジルと呼ばれる金属製の器具でかき落し、そのあとでゆっくりとつかるために風呂に入ったのである。

混同
カリウムは長いあいだナトリウムと混同されていたアルカリ金属である。

カリのきわめて単純で粗雑なものが、イングランドではアッシュボール、アイルランドではウィードアッシュと呼ばれている。ちゃんとした商品とはいえないが、毎年かなりの量が両国の小作農によって作られていて、近隣の農家や漂白業者のあいだで消費されている。

『洗濯の経済（Economy of the Laundry）』(1852) より

軟と硬
石鹸には軟らかいジェル状のものと塩をくわえた硬いブロック状のものがある。

軟石鹸

ローマの資料によれば、はじめて木灰と獣脂から石鹸を作り、日常的に使用して体を洗っていたのは、粗野な蛮族であるガリア人とゲルマン人だった。カリと獣脂の組合せで「軟」石鹸ができ、これは半液体状のままで、今日のシャワー・ジェルに似ていたのだろう（ただし、わくわくするほどさまざまな色や香りはついていなかった）。塩をくわえると混合物は硬くなって「硬」石鹸ができ、大小の塊に切ることができる。しかし、塩が希少あるいは高価だった時代や家庭での石鹸作りでは、多くの場合、軟石鹸のほうが選ばれたはずである。

ちょうど石鹸の技術が進歩して石鹸が広く普及した商品になろうとしていた18世紀の初め、イングランドの王が石鹸に税金をかけて人為的に価格をつり上げ、一般国民のあいだでの使用に水を差した。1816年には税金は1ポンド（約450グラム）あたり3ペンスにまで上がり、事実上、石鹸はぜいたく品になった。しかし、1853年にイギリス政府は石鹸をもっとふつうに手に入るものにすれば健康によいことにようやく気づき、この税金で年間100万ポンドという少なからぬ額が集まっていたにもかかわらず、石鹸税を廃止した。

食物のカリウム
◆

カリウムは非常に重要なサプリメントで、細胞内の水分バランスを維持し、神経や脳がうまく機能するために重要な役割を果たす。幸い、カリウムはたいていの果物、野菜、肉、魚に含まれているが、とくに豊富な供給源としてパセリ、チョコレート、ピスタチオ、アボカド、ふすまがある。最近の研究によると、アメリカ人、ドイツ人、イタリア人は多くがカリウム不足の食事をしており、高血圧、卒中、心臓病のリスクが増大しているという。

重税
イギリス政府は1853年まで石鹸に課税していた。

大理石
Marmor

分類：変成岩
起源：石灰岩の変成
化学式：CaCO₃

◆ 産　業
◆ 文　化
◆ 通　商
◆ 科　学

　大理石は古代ギリシア・ローマ時代に彫像、神殿、宮殿、重要な公共の建物に好んで使われた石である。アテネ郊外のペンテリコン山に産する上質の白く透明感のある大理石は、この都市のアクロポリスにある建造物の建設に使われ、これらの建物はその後2000年以上にわたって世界の芸術や建築の手本でありつづけた。

大理石を失う

　元女優で歌手のメリナ・メルクーリ（1920-94）が8年間のギリシア文化大臣の任期中（1981-89）に、イギリスがパルテノンの大理石、つまりエルギン・マーブルズをギリシアに返還するのを拒否したとしてイギリス政府に対し激しい攻撃をくりかえしたため、喜んだイギリスのタブロイド紙は「Melina loses her marbles」というふざけた見出しの記事を掲載した［直訳すれば「メリナ、大理石を失う」だが、lose one's marblesで「頭がおかしくなる」という意味がある］。第7代エルギン伯爵トマス・ブルース（1766-1841）は、ギリシアがオスマン帝国の一地方だった1801〜1812年に、アテネのアクロポリスのすでに廃墟になっていた建物から建築部材とともに彫刻を（ギリシアによれば）不法に略奪、あるいは（イギリスによれば）合法的に取得した。エルギンは自分は大理石を破壊から救うために行動したのだと主張し、イギリス政府もそれを認めて1816年にコレクションを購入して大英博物館に収蔵した。

　私は以前、ある本のなかで、アテネのアクロポリスは紀元前415年にはできていただろうと推測した。ペルシア戦争（前499-449）の最中、紀元前480年にペルシア軍はこの都市を占領してアクロポリスを破壊しつくし、古い神殿や願かけの祭壇、彫像などを打ち壊して焼いた。アテナイの黄金時代にその政治を支配したペリクレス（前495-429）が権力をにぎるまで、アクロポリスは廃墟のままだったのである。ペリクレスはアテナイの民会で、アテナイ帝国の歳入のかなりの部分を使ってアクロポリスを再建し、この都市の宗教と市民の祝祭のためのならぶもののない壮麗な舞台を作るよう説得した。この大事業はペリクレスが生きているうちには完了しなかったが、古代を通じてアテナイ人自身、マケドニア人、ローマ人に

内なる光
太陽光があたるとペンテリコン大理石はやわらかく輝く。

過去の栄光
1821年当時のアテネのアクロポリスの遺跡。

よって増築され、装飾がくわえられていった。

過去への旅

　アテネへ行ったことのある人なら誰でも、今でも中心にアクロポリスの巨岩がそびえるこの都市の美しさをたたえるだろう。ただし、現在ではどちらかというと醜い現代の建築物が遺跡をとり囲み、近くの山々のふもとまで広がっているが。

　紀元前5世紀の末に訪れた人が見たアテナイは、城壁で囲まれたずっと小さな町だった。要塞化されたアクロポリスの頂上には、西側の公式の入り口を通って登る。ここはプロピュライア（前437-432）と呼ばれる巨大な門で、小さなニケの神殿（前410頃完成）と合体している。門を抜けると、まず訪問者の目を引くのは高さ10メートルのアテナ・プロマコスのブロンズ像で、そのヘルメットと槍の穂先はアッティカ地方でもっとも東の海岸にある岬、スニオン岬からも見える。だが、この像も長くは訪問者を引き止めないだろう。その向こう、ふたつの低い平凡な建物の向こうにアクロポリスの栄光、パルテノン神殿（前447-432）があるからである。その美しく均整のとれた柱廊の壁の内部に部屋がふたつあり、一方には金と象牙でできた巨大なアテナ女神像が、もう一方にはアテナイ帝国の宝物が収納されていた。のちの時代の教会とは異なり、パルテノンでは宗教的な礼拝や儀式は催されず、そうしたものはアクロポリスの上にある野外の祭壇で行なわれた。パルテノンはむしろ、ワシントンDCの

神の涙

◆

　世界でもとくに憧れの的となっているイスラム建築、インドのタージマハルは、ムガルの皇帝シャー・ジャハン（1592-1666）が3番目の妻ムムタズ・マハル（1593-1631）の霊廟として建てたものである。建設は1632年に始まり、完成までに21年かかった。この建物はインド北部のアグラの町のすぐ外、ヤムナー川のほとりにあり、貴石や半貴石がはめこまれた白い大理石で建てられている。シャー・ジャハンは自分の息子によって退位させられて投獄され、死後はタージマハル内の最愛の妻のそばに埋葬された。

テクニカラー
大理石でできたパルテノンのフリーズは、もともとは鮮やかな色で塗られていた。

ナショナル・モール沿いにある、訪れた人々の目を奪って国の富と力を印象づけるために建てられた記念碑や建造物に似ている。パルテノン神殿の北にエレクテイオン神殿（前421-406）があるが、この建物はパルテノンの壮大さも均整も対称性もそなえていない。パルテノンに比べれば小さなこのエレクテイオンは、いくつかの部分が合体した構造になっており、ずっと昔の神室や祭壇をひとつの建物の中に同居させるために建てられたものである。

古典期のディズニーランド

これらさまざまな建物を、廃墟の状態にあってさえ今日でも見てとれるようなまとまったひとつの素晴らしい建築体系にしているのが、近くのペンテリコン山でとれたきめの細かい白く半透明な大理石である。何世紀もたった今ではあちこち欠け、色もくすんでいるが、アクロポリスのペンテリコン大理石は明るいアテナイの陽光に輝いたことだろう。建物の壁や柱といった主要な部材は白いままにされただろうが、ペディメント［切り妻型屋根の破風部］、フリーズ［柱頭の上の細長い水平部］、メトープ［破風と柱のあいだにある四角い壁面］そのほかの装飾モチーフは鮮やかな色で塗られ、アクロポリスにちょっと趣のある古典期のディズニーランドの風情を与えていただろう。

アクロポリスの神殿は、4世紀の帝国のキリスト教化と異教禁止の時代を耐えぬいた。ローマ世界のほかの多くの異教の神殿と同様、パルテノンとエレクテイオンは教会に変えられて神像がとりのぞかれたが、そのほかは建物の構造物にはほとんど変更がくわえられなかった。パルテノンは1456年にアテネがイスラム教徒に征服され

閉じこめられて
大理石の牢獄から「解放」されたミケランジェロのダヴィデ。

　私には、あらゆる大理石の塊の中に、まるで目の前に立っているかのようにはっきりと、形のできあがった、姿勢も動作も完璧な彫像が見える。私はただ、その美しい姿を閉じこめている目ざわりな壁を削りとって、私の目に見えているように他者の目にも見えるようにすればいいのだ。
ミケランジェロ（1475-1564）

るまで教会だったが、その後は建物の一部がモスクに改修された。イスラム教が偶像を禁じているにもかかわらず、パルテノンの大理石彫刻はイスラム支配のあいだもぶじだった。

　パルテノンを破損したのは古代のキリスト教や中世のイスラム教の狂信者ではなく、17世紀のイタリア人だった。1687年にヴェネツィア軍がアテネを包囲したとき、オスマントルコの守備隊によって弾薬庫として使われていたパルテノンに、ヴェネツィア軍の砲弾が降りそそいだのである。大爆発が起こって建物はばらばらになり、建物や彫刻の破片がアクロポリスじゅうに散らばった。そして、ヴェネツィア軍の司令官フランチェスコ・モロシーニ（1619-94）が西側のペディメントからぶじだった彫刻の一部を略奪しようとしたとき、滑車装置が壊れて彫刻が下の岩にたたきつけられ、被害がさらに大きくなった。

　1世紀後にエルギンがギリシアに来たとき、アクロポリスの廃墟はきわめてひどい状態にあった。トルコの役人は訪れた西洋の旅行者に賄賂とひきかえに彫刻の破片を売り、地元の人々は壁や柱の一部を勝手に持ち帰って建築材料にしたり、粉砕してモルタルや漆喰を作ったりしていた。エルギンは残っていたパルテノンの彫刻の約半分を持ち出し、それにはフリーズの断片、多数のメトープ、ペディメントの一部などが含まれ、現在では大英博物館に展示されている。2世紀のあいだイギリスは、それらの大理石をイギリスが所有していたことで、ギリシア独立戦争（1821-32）とその後の紛争、そして19～20世紀の汚染や修復努力の不足による破壊から守ることができたのだと主張できた。しかし、2009年にアテネに新しいアクロポリス博物館がオープンしてからは、こうした主張は力をほとんど失ってしまった。この博物館は、パルテノンの残存する彫刻をすべて収蔵してふたたび設計者ペイディアスが意図した順序で装飾を眺めて鑑賞できるように、特別に設計されている。

ロイヤル・アーチ

◆

　ロンドンのマーブル・アーチはかつてはバッキンガム宮殿の前にあって、儀式用の門の役割を果たしていた。このアーチは、1828年に建築家ジョン・ナッシュ（1752-1835）が後援者であるジョージ4世（1762-1830）のためにローマのコンスタンティヌスの凱旋門をまねて設計したものである。アーチはヴィクトリア女王（1819-1901）のもとで宮殿の最後の改造が行なわれた1855年までそこにあった。よく、アーチを移動したのは女王の公式馬車に狭すぎるからだと説明されるが、本当かどうか疑わしい。現在の女王の戴冠式のとき、女王の黄金の馬車がこのアーチを難なく通りぬけたからである。本当の理由は、アーチがもはや宮殿の新たな外観にそぐわなくなったからかもしれない。

移されて
ロンドンのマーブル・アーチはかつてバッキンガム宮殿の前にあった。

真珠層
Nakara

分類：有機鉱物
起源：軟体動物
化学式：CaCO₃

◆ 産　業
◆ 文　化
◆ 通　商
◆ 科　学

この真珠層にかんする項では自然の奇跡である真珠母を扱うが、それはすでにいくつかの項で見てきたずっとありふれた外見や用途をもつ物質、炭酸カルシウムでなしとげられた奇跡である。真珠層には、真珠母や真珠のかたちでの装飾と宝飾の長い歴史がある。

古代ギリシア・ローマ時代のガイドブック

西暦60年頃、古代ギリシア・ローマ時代の氏名不詳の商人が、古代世界を知ることができる他に類を見ない地理の本を書いた。情報を提供し事実をありのままに述べる紀行文のスタイルで書かれ、大海蛇や人魚や一本足の人間などまったく出てこない『エリュトゥラー海案内記』は、東アフリカ、アラビア、ペルシア湾、インドからガンジス川デルタ（現在の西ベンガル州とバングラデシュ）沿岸の交易路、潮の状況、気候、港、産物、王国、住人について記述しているだけでなく、近東から中央アジアをへて中国にいたる陸路にも簡単に触れている。この案内記は、古代ギリシア・ローマ時代の旧世界に存在した交易路の端から端まで、そしてローマと漢という当時のふたつの超大国をへだてるはるかな距離をへて取引きされた産品の種類を明らかにしている。アフリカ、ペルシア湾、そしてとくに南インド原産の商品をあげるなかで、著者は天然の宝石のなかでもっとも欲しがられていた真珠に言及している。

いわゆる真珠貝だけが真珠をつくるのではなく、ほかの海および淡水の軟体動物も真珠をつくる。しかし、もっとも珍重されるのはアコヤガイ属*Pinctada*のいくつかの種が形成するもので、そうした貝は世界中の海にいるが、古代にはペルシア湾、紅海、インド洋、南シナ海の水域のものが知られていた。16世紀に中南米を征服して移住すると、スペイン人入植者たちはカリブ海に浮かぶキューバグア島とマルガリータ島周辺の水域に豊富に真珠がとれる場所を

真珠母
真珠貝をはじめとして多くの貝が真珠層を形成する。

不運
イングランド王チャールズ1世の真珠の耳飾は、王の処刑後に消えてしまった。

真珠の耳飾をつけた王

◆

オランダ人宮廷画家アンソニー・ヴァン・ダイク（1599-1641）による国王チャールズ1世（1600-49）の何枚もの肖像画に、左耳に大きな真珠の耳飾をつけた王が描かれている。チャールズは議会と大内乱（1642-51）を戦って敗北したことで知られており、裁判によって処刑されたはじめてかつ唯一のイングランド王である。死んだときにあの真珠を身に着けていたかどうか不明だが、彼の死後、二度とみられることはなかった。もしかすると見物人のひとりが盗んだか、処刑前に支持者が隠したか、高潔な共和主義者が破壊したのかもしれない。

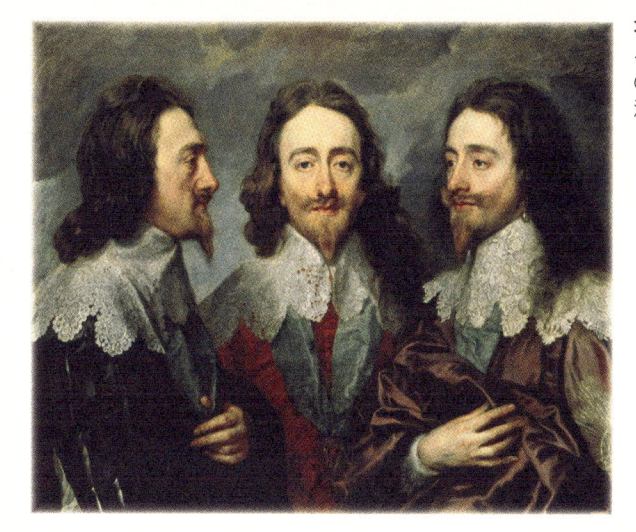

発見した。真珠はその自然の光沢と色で、聖骨箱、祭壇、玉座にはめこんだり宝飾品として身につける宝石として珍重されてきたが、どの文化でも高く評価されたわけではない。たとえば日本人は古来、宝石を身につける習慣がなく、真珠母を象嵌細工の漆工芸品（112ページのコラム参照）に使ったが、現代になると真珠養殖における世界のリーダーになった。

欲望を満足させる

　開いた真珠貝に砂粒が入ると真珠ができると一般に思われているが、それは誤解である。貝はつねに水と栄養をとりいれているから、砂粒が入るのはごくふつうに起こるはずで、それで真珠ができるのなら私たちは膝まで真珠にうまっていなくてはならない。そうではなくて、真珠形成の本当のきっかけは寄生虫のような異質な有機物のかけらが外套膜に入るか、天敵の攻撃によって貝の組織の一部が傷つくかしたときである。真珠貝は傷や炎症の周囲に真珠袋を形成し、その上にコンキオリンと呼ばれる角質に似た物質と結合したアラゴナイト（一種の炭酸カルシウム）の薄い層を重ねていく。その結果できるのは、石膏のくすんだ白ではなく、真珠層の華やかな虹色の輝きである。なお、真珠層を意味する英語nacreはアラビア語のナカラに由来する。完全な球形の真珠はネックレス用に珍重されるが、真珠はティアドロップ（しずく型）、ボタン、ブリスター（半球型）、バロック（変形）などさまざまな形や色になる。もっともめずらしい色で、そのためもっとも高価なのが太平洋産の黒真珠だが、クリーム、黄、ピンク、金、緑、青色の真珠もある。

真珠層

日本の光り物
◆

日本の芸術はその抑制のきいた繊細さと落ち着きで知られているが、つねにそうだったわけではない。日本の「ルネサンス」ともいえる短いが生気あふれる安土桃山時代（1568-1600）に、日本の装飾芸術の作家たちは、螺鈿（らでん）（真珠母のはめこみ細工）のような日本の手法とヨーロッパのデザインやモチーフを組みあわせて、きわめて豪華な（けばけばしいという人もいるが）南蛮漆器の作品を、日本の封建支配者層である大名のためやヨーロッパへの輸出用に製作した。

コマレイから南にコルコイまで延びている地帯には真珠の採取場があり、罪人たちがその仕事に当たっている。これはパンディオーン王の所有に属する。コルコイの次には別のアイギアロスという、湾に沿うた地方が続き、その内地はアルガルーと呼ばれる。エーピオドーロスの島で採取された真珠はただ此処だけで買うことが出来る。

『エリュトゥラー海案内記』のインドにおける真珠採取についての記述［村川堅太郎訳、中央公論新社］

琥珀や珊瑚とは異なり、真珠はふつう偽造されないが、イギリスの海洋生物学者ウィリアム・サヴィル＝ケント（1845-1908）が人工的に誘導して貝に真珠を形成させることができることを発見したため、19世紀以降、真珠の生産は一変した。それまでの真珠採取では、海底から手や鋤簾（じょれん）で真珠貝を集め、1個ずつ開けて真珠がないか外套膜を調べる手間のかかる作業をしなければならなかった。真珠はごくまれにしかないから、（しかも真珠貝はあまり味がよいとみなされていないため）これではむだが多いだけでなく、乱獲によって真珠貝が絶滅寸前になった地域もある。発見の恩恵を受けたのはサヴィル＝ケントではなく日本人で、手法の特許をとり、20世紀に長期にわたって養殖真珠の生産で優位を占めつづけた。

真珠を人工的に生産するために用いられる方法はいくつもある。自然のプロセスにもっとも近いのは、ドナーの貝の組織片を真珠貝の中に植えて真珠袋の形成をうながす方法である。しかし、これは自然のプロセスと同じくらい長くかかる。ずっと早くできるのは丸い核を挿入するやり方で、核は約6カ月で真珠層に覆われ、完全に丸い真珠ができる。核を使って養殖真珠をつくった場合、X線で見抜くことができる。異常に整った形をしている場合は別として肉眼で天然真珠と識別することはできないが、養殖真珠はずっと安く、このためこの宝石全体の魅力が低下してしまった。

区別できない
天然真珠と養殖真珠を区別するのはむずかしい。

ふたつの巡礼女(ラ・ペレグリーナ)

　世界でもっとも有名で高価なふたつの真珠はラ・ペレグリーナ（La Peregrina）とラ・ペレグリーナ（La Pelegrina）（ともにスペイン語で「巡礼女」を意味する）というほとんど同じ名前をもち、どちらもヨーロッパのいくつかの大貴族の家系の興亡とかかわりがある驚くべき歴史をもつ。16世紀の初めにカリブ海で発見された前者は、スペイン国王フェリペ2世（1527-98）のものになり、王はそれを、プロテスタントのイングランドをカトリックに戻そうとして失敗したカトリックの女王メアリー1世（1516-58）に贈った。メアリーの死で真珠はスペインに戻り、ナポレオン戦争（1803-15）のときにフランス軍に奪われる。そして、退位させられてイングランドへ亡命したナポレオン3世（1808-73）が、そこであるイギリス貴族に真珠を売り、その貴族は1960年代にロンドンのサザビーズで売りに出した。買ったのは俳優のリチャード・バートン（1925-84）で、エリザベス・テイラー（1935-2011）への贈物として購入したのである。この女優はインタビューで、重い真珠が一度鎖から落ちたことがあり、飼っていた犬の口からとりもどさなければならなかったと語っている。ほとんど史上最高額の犬の嚙みおもちゃだ！

　もうひとつのラ・ペレグリーナ（La Pelegrina）はさらに波乱に富んだ歴史をもち、2度の革命を耐えぬいた。16世紀中頃にマルガリータ島の近くで発見され、やはりスペインの君主のものになった。王はそれを、娘のマリア・テレサ（マリー・テレーズ）（1638-83）がフランスのルイ14世（1638-1715）と結婚するときに与えた。そして、ルイ16世（1754-93）がギロチン台の上で最期を迎えたあと真珠は消え、ふたたび現れたときには帝政ロシアの貴族ユスポフ家の所有となっていた。1917年の革命後にフェリックス・ユスポフ（1887-1967）はフランスにのがれ、そこで1950年代に資金を調達するために真珠を売らざるをえなくなった。

ラ・ペレグリーナ（La Peregrina）
この有名な真珠はイングランドのメアリー1世が所有し、のちにエリザベス・テイラーのものになった。

ラ・ペレグリーナ（La Pelegrina）
この真珠はフランス革命とロシア革命を耐えぬいた。

真珠層　113

ナトロン

Natrium

分類：蒸発鉱物
起源：干上がった湖底からとれる天然塩類
化学式：$Na_2CO_3 \cdot 10H_2O$ と $NaHCO_3$ およびナトリウム

◆ 産　業
◆ 文　化
◆ 通　商
◆ 科　学

　ナトロン（ソーダ石）は天然の塩類で、産業用や家庭用の用途がいくつもあるが、歴史的に重要な用途は古代エジプトのミイラ作りの工程での利用である。ナトロンの抗菌作用のおかげで自然の腐敗のプロセスが止まってミイラは何千年も保存され、古代の人々の姿や生活、死についてほかの何よりもよく伝えてくれる。

ミイラの呪い

　ハリウッド映画の「ミイラの呪い」なら、ファラオの墓にあえて入る者には恐ろしい運命が待っており、神聖な場所を冒瀆した者に復讐しようとぐらぐら揺れながら生き返った怒れるミイラの手で恐ろしい最期を迎える。しかし、悲しいことに現実には、本当の呪いはミイラ自身に対するものだった。宗教的迷信が王の権力や厳しい罰とあいまって、王家の墓を泥棒するのを思いとどまらせていたと想像されるかもしれないが、古代エジプトのごく初期の時代から、簡単に盗掘できることの魅力は法律や超自然的な制裁の恐怖にまさっていたようで、たいていの王家の埋葬場所は荒らされ、多くは葬儀の数日後には略奪されてしまった。悲しいことに、通常、ミイラ自体が泥棒の第一目標で、それはミイラがあの世への旅仕度として黄金の装飾品や護符で覆われていたからである。

　ツタンカーメン（前1341-1323）と呼ばれる第18王朝のどちらかというとあまりよくわかっていないファラオが今日これほど有名なのは、その墓がそれまで発見されたエジプト王家の墓でもとびぬけて無傷の状態だったからで、中にあったものは2010年時点で（2010年の価格で）約5000万ドル相当の価値があった。考古学者たちは、ツタンカーメンの墓さえも古代に盗掘にあい、盗掘者は宝物室に納められていた宝石の約3分の2を持ち出したが、金箔を張った厨子と石棺に入った王のミイラに手を出すところまではいってなかったと考えている。王家のミイラが盗まれた場合、可能ならとりもどされて補修され、あまり立派ではないにしても安全でめだたない墓に大量の宝物は入れずに再葬されて永遠の眠りにつき、考古学者によってふたたび邪魔されるまでそこで眠りつづける。

保存剤
ナトロンは、カノポス壺でミイラの内臓を保存するのに使われた。

運がいいミイラは墓に残されるかロンドン、パリ、ベルリン、ニューヨークの博物館に持っていかれて展示されたが、運が悪いものはすりつぶされて画家の絵の具の材料になったり、見世物にされたりした。第19王朝のあまりよくわかっていないラムセス1世（前1295-1294在位）のミイラは、19世紀中頃に墓から持ち出され、カナダのオンタリオ州にあるナイアガラ・フォールズ博物館へたどりついた。この博物館も、動物の剥製標本や先住民の工芸品、ミイラ、そのほかの「造化の戯れ」を展示していた。1999年にコレクションがアメリカのジョージア州アトランタにあるエモリー大学に売却され、そこでついに、ファラオが最初に大西洋を渡る旅に出てから約130年後にその身元が特定された。2003年、ファラオは最大級の軍葬の礼を受けてエジプトのルクソールへ送り返された。

漬物にされたファラオたち

　ミイラはヨーロッパ、アジア、アメリカ大陸で発見されており、とくに乾燥した気候によって、あるいは湿地の中や標高の高い凍土の中に埋まっていたことで保存されていた。初期のエジプトのミイラは、乾燥した砂漠の砂の中に埋葬されたことにより保存された。たとえば「ジンジャー」という愛称がつけられたミイラもそのひとつで、今から約5400年前に埋葬された先王朝時代の男性だが、現在はロンドンの大英博物館に展示されている。しかし、約4600年前からエジプト人は亡くなった王や王妃の遺体を防腐処理するようになり、現在までも遺体が保存されるような複雑な手順を作り上げた。遺体自体の保存は、のちの宗教はその必要はないと考えたが、エジプト人にとってはきわめて重要なことで、彼らは肉体がなければ死者が死後の世界で存在しつづけることができないと信じていた。エジプト人は、人間の体にはアークやバーをはじめとするいくつもの「霊魂」が含まれていて、体内で統一を保つ必要があり、死後の世界では食物や品

黄金の少年
ツタンカーメンは依然として世界でもっとも有名なミイラである。

「ジンジャー」
ミイラ作りの方法が発明される前にも、ときには人間が砂のなかで自然に保存されることがあった。

ナトロン　115

冥界の神
ジャッカルの頭をもつアヌビス神はミイラ師でもある。

> すりつぶした純粋な没薬と肉桂および乳香以外の香料を腹腔につめ、縫い合わす。そうしてからこれを天然のソーダに漬けて七十日間置くのである。それ以上の期間は漬けておいてはならない。七十日が過ぎると、遺体を洗い、上質の麻布を裁って作った繃帯で全身をまき、その上から（…）ゴムを塗りつける。
>
> ヘロドトス（前484頃-425）、ミイラ作りについて［『歴史 上』松平千秋訳、岩波書店］

物、召使いを与えなければならないと信じていた。

　エジプトのミイラ作りの手順はその長い歴史のあいだに変化し、その歴史においては比較的遅い紀元前5世紀にギリシアの歴史家ヘロドトスが記述した（左の引用句参照）頃には、埋葬される人物の地位や要求される手順の費用によって3つの等級（現代の言葉でいえば「お手ごろ」、「デラックス」、「王侯向け」）があった。保存状態がもっともよいミイラは新王国（前16-11世紀）のもので、ツタンカーメンやラムセス2世（右ページのコラム参照）の遺体がそれに該当する。王家の重要な人物を埋葬する場合は、準備と埋葬に数カ月（墓の建設と装飾や造作にかかる期間も含めれば数年）かかった。亡きファラオの体は、肉体を保って霊魂を死後の世界へ行かせる実際の手法と呪術的な儀式を知っている神官のミイラ師の手にゆだねられた。

　エジプトのミイラ師は、死者の肉体を保存するとくに有効な手順を開発し、それは（ちょっと意地が悪くて不正確でもあるが）肉や野菜の漬物作りにたとえることができる。ヘロドトスによれば、遺体をミイラにするのに70日かかったという。ミイラ師の神官がまずしなければならないのは、とりわけエジプトの暑い気候ではすぐに腐って遺体をそこな

うおそれのある体内の軟らかい組織や臓器をとりのぞくことである。目的は遺体の外見をできるだけ保つことだから、皮膚や筋肉をそこなわないように、内蔵の摘出はかなり慎重にする必要があった。エジプト人は本当は脳が意識の座であるということを知らなかったため、ときには金属製の鈎状の器具を鼻孔から頭蓋骨の中に入れて脳を取り出すこともあった。目もとりのぞかれてすてられた。

問題は心臓

腹部は、内臓を取り出せるように左脇腹を石のナイフで切開した。「アラバスター」の項で述べたようにエジプト人が重要と考えていた臓器は胃、肺、肝臓、腸で、それらは取り出してナトロン溶液に漬けるかナトロン塩で乾燥させ、包帯で巻いて1個のカノポス箱に入れるか4個のカノポス壺に分けて入れて保存するが、これらはミイラとともに埋められる。体腔中に唯一残る臓器は心臓で、これは意識と人格の座で、死後の世界で審判を受けると考えられていた。

死者がドゥアト(冥界)に入っていくと最後に審判の場所に達し、そこでトト神によって心臓の重さがマアト(真理)の羽と比べられると信じられていた。その人物がエジプトの信仰にのっとったよい人生を送ったならオシリスの楽園で永遠に生きるが、有罪の審判をくだされれば怪物に心臓を貪りくわれ、永遠に続く2度目の死を宣告されることになる。審判で最良の結果が出るように、繊細な作りの「心臓スカラベ」の護符が心臓の上に置かれた。また、使者にあの世での危険の多い旅を生きのびる方法を指南する「死者の書」

厄介な感染症

◆

「汝らの強大な者、わが偉業を見て、そして絶望せよ!」というのは、シェリー(1792-1822)の詩「オジマンディアス」に出てくる壊れた像の台座に書かれた銘文である〔『語りの魔術師たち——英米文学の物語研究』佐藤勉著、彩流社〕。この詩は、エジプト最強のファラオ、ラムセス2世(前1279-1213在位)を記念する像があった廃墟について書いたものである。ほかの多くの王族のミイラと同様、ラムセス2世も古代にその墓が泥棒に荒らされたのち、ふたたび埋葬された。1974年、考古学者は王のミイラが真菌に侵されてそこなわれつつあることに気づいた。すぐに処置をするため王は飛行機でパリに運ばれたが、その前にエジプト政府が発行したパスポートの職業欄には「国王、故人」と記入されていた。フランスへの旅行中は最大級の軍葬の礼を受け、元ファラオは厄介な感染症を治してもらった。ミイラを詳しく調査したところ、かなり長生きしたこのファラオが赤毛の人で、年をとってからひどい関節炎をわずらい、重い歯周病の症状があってそれが死の原因になった可能性があることが明らかになった。

ファラオ:感染症
名前:ラムセス2世
職業:「国王、故人」

天秤
トト神が死者の心臓の重さを真理の羽と比べる。

と呼ばれる呪文が、棺の内側と墓の壁に書かれた。

遺体の軟らかい組織をすべてとりのぞくと、保存作業の第2段階に進むことができる。もっとも単純な方法は体の内にも外にも乾燥したナトロンをぎっしりつめこむやり方で、ナトロンが組織から水分を吸いとると同時に虫や細菌を殺してくれる。そして、所定の期間ののちナトロンをとりのぞく。なるべく遺体を生きているときとそっくりに見せるため、ミイラ師は顔や体のへこんだ部分に亜麻布、鋸くず、あるいは藁をつめこんだ。また、この段階で眼窩に義眼を入れる。もうひとつのもっと複雑なやり方は、非常によい状態で保存されている王家のミイラで用いられたと考えられ、体腔につめものをして縫いあわせ、遺体をナトロン塩の溶液に漬ける。ナトロン溶液によって腐敗が止まり虫や細菌が死ぬだけでなく、死者の姿が乾燥法の場合よりずっとよく残る。これでミイラ作りの最後の段階である第3段階に移る準備ができた。

イギリスのファラオ
◆

2011年、末期の肺癌だったイギリスのタクシー運転手アラン・ビリスは、エジプト人が王や王妃の遺体をどのようにして保存したのか明らかにする実験に参加することに同意した。死後、ビリスはミイラ化の処置を受け、そのようすはイギリスのテレビ番組用に撮影された。内臓の摘出後(ただし脳は摘出されなかった)、ビリスは濃いナトロン塩溶液に漬けられ、それによって通常の腐敗のプロセスは止まり、この3000年あまりではじめて作られたミイラになった。遺体は亜麻布の包帯に包まれて保存され、ミイラ化の各進行段階が調査されることになっている。

永久保存のための包装と密封

　ミイラ師は、数百メートルの亜麻布の包帯で遺体を巻き、手足の指は別々に注意深く包んでから別の亜麻布で手足全体を覆う。スカラベの形をした護符と命の鍵（アンク）を包帯の中に入れ、霊魂がぶじに冥界を通り抜け、墓の中の肉体が残るように、呪文や祈りの文句を細長い亜麻布に書いた。包帯は何度も松やにで固め、その上にさらに包帯を巻き、最終的にミイラは亜麻布の繭の中に封入された状態になる。それから顔の上にマスクを置く。王族を埋葬する場合はツタンカーメンの黄金とラピスラズリのマスクのように高価な材料が使われたが、ふつうの市民もミイラにされたヘレニズム時代やローマ時代にはずっと簡素になって、パピルスや木の板に生きているときとそっくりの遺影を描いてミイラの顔の上に置いた。

　これで永遠の時が何を用意していようと死者の準備はでき、多くのエジプトのミイラがそうだったように、死後の生活はじつに活動的なものになる。ルネサンスが始まるとヨーロッパのコレクターが「驚異の部屋」に置くためにミイラを入手し、錬金術師や魔術師が魔法の薬を作るためにミイラの体の一部をすりつぶした。19〜20世紀の先進国の博物館は数百体のミイラを展示し、古代文明の奇妙さと自分たちの文明の優越性について大衆を教育した。そして21世紀の考古学者は、ミイラを発掘して最新のコンピュータ画像処理技術を用いて調べ、健康、歯、骨の状態を明らかにし、DNAを抽出して類縁関係を研究している。

　ナトロンによって保存されたエジプトのミイラは、遺体が腐り虫に貪りくわれる大多数の人間には与えられていない一種の不死を獲得した。ミイラは独特のやり方でそれぞれ肉体にきざまれた個性を保存しており、何千年も前に生き、なんといっても決して終わらせたくないと思うほど人生を愛していた肉と血をもつ人間として、現代の私たちに語りかけてくるのである。

生き写し
ミイラになったら、死者は装飾がほどこされた石棺かパピエマシェの棺に入れられた［パピエマシェはパルプに接着剤その他をくわえた素材（いわゆる紙張子）をいうが、古代エジプトではパピルスや亜麻布をプラスターで固めたものが使われ、カルトナージュと呼ばれる］。

黒曜石
Obsidianus

分類：火山ガラス
起源：火山活動
化学式：主成分はSiO_2で、ほかにMgOとFe_3O_4も含まれる

◆ 産　業
◆ 文　化
◆ 通　商
◆ 科　学

考古学者によれば、黒色の火山ガラスである黒曜石は、現代的な意味での商業的な交易が行なわれた最初の商品である。ユーラシアでは何千年も使用されつづけたが、大半の実用的用途には金属が使われるようになり、徐々に消えていった。しかしアメリカ大陸では、16世紀にスペインに征服されるまで、黒曜石で道具や武器が作られていた。

究極の犠牲

コロンブス到来以前のメソアメリカの人々、とくにその帝国が現在のメキシコの大半を占め、テスココ湖の真ん中のテノチティトラン（現在のメキシコシティ）に首都を置いたアステカ族（もっと正確にいえばメシカ族）について、学校の生徒が誰でも知っていることといえば、彼らの宗教が人身供犠を中心に置いていたということである。スペインのコンキスタドール（征服者）は、この風習を自分たちの侵入とこの地域の征服、そしてアメリカ先住民の文化の破壊を正当化する理由のひとつにあげ、自分たちの祖先ケルト人ばかりか非常に文明化された古典期のギリシア人やローマ人も、たしかに規模は同じではないにしても、人身供犠をしていたことを都合よく忘れていた。しかし、メシカ族の生贄の正確な数ややり方はいまだに論争の的になっており、スペイン人の記述の多くはおそらく偏見が入っているだけでなく誇張されていて、政治的思想的な意図でメシカの儀式を誤って伝えていると、多くの歴史学者が指摘している。

現代の考え方でいくと、人間を生贄にすることほど恐ろしい、あるいは嫌悪すべき行為はない（例外があるとすれば人肉を食べる行為だが、これもコロンブス到来以前のメソアメリカでの人身供犠と関連づけられることが多い）。個人の神聖さと価値についてのゆるぎない信念のせいで、とくにその個人が自分自身の場合、生きながら心臓を引き抜かれる生贄の犠牲者が、足をばたつかせ叫び声をあげながら神殿ピラミッドの頂上にある血のしたたる祭壇へとひきずられていくのを想像しがちである。しかし、メソアメリカ人の世界観は私たちのものとは非常に違っていた。以下に述べることはかなり単純化しすぎているが、メソアメリカ人の宗教はある意味、ユダヤ・キリス

天然のガラス
黒曜石は割ってナイフや矢尻を作ることができる。

塩湖の都市
コンキスタドールが見たであろうアステカの首都。

ト教の鏡像だった。キリスト教では、神が人間の姿をとったイエス・キリストが、人類に救済をもたらすため、拷問を受け、十字架にかけられ、ついには槍で刺される。いい換えれば、人間が（永遠の）命を享受できるように神自身が犠牲になった。しかし、アステカの宗教では役が反対になり、神々と世界を維持するために人間がその血と命を与えたのである。

よい死

　メソアメリカでは、自身の血、あるいは生贄の血や心臓や命を神に捧げるという考え方が、宗教の信仰や儀式の中心にある。中世のメシカ族だけでなく、彼らより前の古典期のマヤ族も、一般人も貴族も神々を養うため、罪をあがなうため、超自然的な幻視を体験するために、個人的な捧げものとして自分の血を流す自己犠牲を実行した（122ページのコラム参照）。人身供儀において犠牲者の多くはメシカ族ではなく、とくに神に捧げられるために捕らえられた戦争捕虜であったが、メシカ族の志願者（あるいはその目的のために親が差し出した子ども）もいた。メシカ族の男性にとってもっとも崇高な死は戦いで死ぬことであり、女性の場合は出産で死ぬことだった。こうして死ぬと、自動的にメシカの天

黒曜石　121

国で場所を得ることができる。最悪の死は家の寝床で死ぬことで、その場合、死者はひどい来世を運命づけられる。

　神への生贄にされることは、次の生で報われる「よい」死とみなされていた。恐怖のしるしを見せ、泣き叫んだり失禁したりして嫌がる犠牲者はふさわしくないとみなされ、あざけられて殺されるが、生贄にはされなかった。このため、生贄のためとはっきり限定されて捕らえられることが多い戦争捕虜は、ある程度、自分の運命を受け入れ、自分たちが世界の維持にそれぞれの役割を果たし、このようにして死ねば次の生で報われると確信して、動じずに死んでいったにちがいない。

　メシカの文化では戦争と生贄が深く結びついていて、両者を結ぶものがメシカ族が話すナワトル語でイットリと呼ばれる天然ガラス、すなわち黒曜石であった。黒曜石は火山の爆発の副産物で、この黒褐色から黒色の鉱物は活火山がある地域なら世界中どこにでもある。石器時代には、黒曜石は道具、武器、装飾品、宝飾品、鏡を製作するための重要な材料であり、考古学者は現代的な意味で「交易」が行なわれた最初の商品だったと考えている。フリントと同様、黒曜石はたたいて剥片をそぎ落とすことにより成形でき、一種の天然ガラスであるためきわめて鋭い刃先を作ることができる。欠点は、黒曜石は簡単に刃先が鈍くなり、もっと硬いものに打ちつけると簡単に砕けてしまうことである。

舌に棘

コロンブス到来以前のメソアメリカ人は、人間を生贄にするだけでなく、放血のかたちで一種の自己犠牲を実行した。自分の血を流すことで、神々を養い、超自然の世界と連絡をとることができると信じていたのである。ヤシュチラン（現在のメキシコのチアパス州内）の古典期マヤの遺跡に、西暦709年に起こった出来事を示した浅浮彫りがあり、支配者の妻ショークが黒曜石の刃が埋めこまれたロープを舌に通してひっぱり、亡くなった支配者の幻を呼び出しているようすが描かれている。

［生贄の儀式の］犠牲者は、たいていわざわざその目的で行なわれた戦争で捕らえられた者たちだった。毎日夜明けに、多くの場合ペヨーテのような幻覚剤を飲まされるか、そうでなかったらすくなくとも「黒曜石ワイン」（プルケ酒、リュウゼツランから作られる一種の発酵ビール）で半分酔っぱらった状態の捕虜が、テノチティトランの主神殿のひとつの階段をひっぱり上げられた。（…）4人の神官がその人間を石の台の上に押さえつけているあいだに、もうひとりの神官が石か黒曜石のナイフで、犠牲者のまだ脈打っている心臓を切り出した。

ジョゼフ・カミンズ『世界の血なまぐさい歴史（The World's Bloodiest History）』（2009）

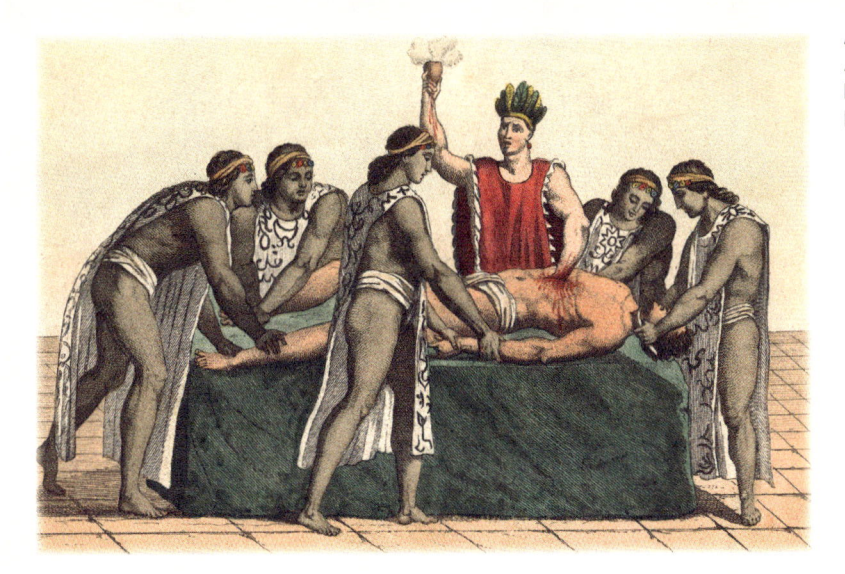

心臓摘出
心臓を摘出できるように、黒曜石のナイフを使って胸を切開した。

花の戦争

　メシカの神々は数が多く多様である。メシカの部族神ウィツィロポチトリ、煙を立てる（黒曜石の）鏡テスカトリポカ、羽毛のある蛇ケツァルコアトル、雨の神トラロクなどがいる。それぞれが犠牲者を要求し、異なる生贄の儀式をしなければならない。もっともよく知られているやり方では、神官が犠牲者を丸みをおびた祭壇の上に仰向けに寝かせ、胸をフリントか黒曜石のナイフで切開して心臓を取り出し、神前の石の容器に置く。ほかに、犠牲者を焼いたり埋めたり、生きたまま皮をはいだり、模擬戦で殺したりする生贄の儀式もある。神はそれぞれ異なる種類の生贄を要求し、たとえば雨の神トラロクは子どもの生贄を要求した。これに対しテスカトリポカの場合は神を演じることを志願したメシカの若者であり、文字どおり生ける神のように扱われたのち、やはり殺された。

　メシカは15世紀のあいだにしだいに強大になり、メキシコの中央部と沿岸部の大半を帝国に吸収した。しかし、トラシュカラなどメキシコ盆地のいくつかの国はなんとか抵抗した。トラシュカラが独立を保つのをメシカ族が許したのは、そうすれば彼らと戦争をして、毎年大勢必要となる生贄にする犠牲者を捕らえることができたからだとする説がある。何人もの学者が、申しあわせが形式化されて「花の戦争」と呼ばれるものになったのではないかと述べている。それはとくに若い戦士を訓練する目的で戦われ、若者は一人前の勇士として認められるため、そして両陣営の神々への生贄にする犠牲者を提供するために、敵を捕らえる必要があった。

メシカのマスク
メキシコシティの国立考古学博物館に展示されている黒曜石のマスク。

鉄の男たちの到来

1519年にエルナン・コルテス（1485-1547）が約630人の兵士と船乗りからなる軍隊を率いてメシカ帝国に入ったとき、その人口は数百万人に達していた。たしかにコルテスはアメリカ大陸でいずれも知られていなかった馬、鋼、火薬兵器を用いて、石器時代の武器をもつメシカ族に対した。だが、膨大な人的資源に頼むことができたメシカ帝国がわずか3年で滅びたことを、技術だけで説明することはできない。メシカの戦士は、当時のスペイン人に比べれば重装備の防護をほとんどしていなかったが、槍と弓矢、スリング（投石器）、そして鎚矛に似たマクアフティルをもっていた。これは木製の戦棍で、両側に黒曜石の刃が埋めこまれていた。スペインの資料に、マクアフティルは恐ろしい武器で、一撃で馬の首を切り落とすことができるほど強力だったと書かれている（下の引用句参照）。

歴史学者たちは、メシカの敗北の原因は文化的、政治的、思想的、生物学的、技術的要因がある独特の組みあわせになったことにあると説明している。政治的社会的には、メシカ帝国はローマ帝国のようにひとつの統一された存在ではなく、同盟国、属国、進貢国のゆるい連合体だった。やってきたコルテスがはからずも足を踏みこんだのは、いいかげんに造られた砂の城ほどの安定性しかない政治体制だった。トラシュカラなどメシカ族が征服できなかった敵はすすんでコルテスと同盟を結び、補充兵や物資を提供した。思想的には、メシカの王モクテスマ2世（1466頃-1520）をはじめとするメシカのエリート層は、自分たちの世界は終わろうとしており、破滅は避けられないと信じていた。このため、当初、侵略者に対して協力して軍事行動をとる準備をしなかったのである。

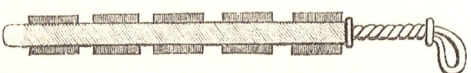

彼らの武器はあきらかにおとってい

石器時代の戦士
メシカの戦士は、勇士と認められるには敵を捕らえなければならなかった。

剃刀のように鋭い
マクアフティルは一撃で人や馬の首を切り落とすことができた。

彼らの武器はスリング、弓と矢、投げ槍、投げ矢で、(…) それらさまざまな武器の先は骨、あるいイツトリという鉱物（黒曜石）でできている。イツトリは硬いガラス質の物質で、ふちを剃刀のようにすることができることがすでに知られていたが、簡単に鈍る (…) 彼らは剣ではなく両手で使う棍棒をもっていた。およそ1メートルあって、イツトリの鋭い刃が等間隔に埋めこまれており、恐ろしい武器で、目撃者の話では、一撃で馬が倒されるのを見たという。
ウィリアム・プレスコットとジョン・カーク『メキシコ征服の歴史（History of the Conquest of Mexico）』（2004）

たが、メシカ族は最初、敵をその場で殺すのではなく生贄にするために捕らえようとして、自縄自縛におちいっていた。彼らが、スペイン人が戦いでまったく異なる戦術を用い、初期の攻撃ではヨーロッパ人がそのすぐれた武器と騎兵を使ってできるだけ多くのアメリカ先住民を殺し、ひどく傷つけるのに驚き、恐怖したのは明らかである。しかし、征服の後半の段階でメシカ族は自分たちの誤りに気づき、コンキスタドールがノチェ・トリステ（悲しき夜）と呼ぶ1520年6月30日の夜、コルテスとその軍隊はメシカの首都から逃げざるをえなくなり、トラシュカラへ撤退するあいだに多数の死傷者を出した。

　メシカ族は首都からスペイン人を追い出すことに成功したが、それは一時的な執行猶予にすぎなかった。コルテスはさらに多くのスペイン人と先住民の兵、さらに大量の火薬と鋼の武器、そしてブリガンティン型帆船とともに戻ってきて、テノチティトランの島都市を包囲したのである。1521年の最後の襲撃でコルテスが勝利したのは、敵の防御を連打し破壊することを可能にしたすぐれたヨーロッパの技術と、同盟を結んだ先住民の兵のおかげだったが、生物学的偶然も働いた。スペイン人には、トラシュカラ人、カスティリヤの鋼、火薬、馬を合わせたよりもはるかに危険な同盟者がいた。それは天然痘である。アメリカ先住民はこの病気に対してまったく免疫がなく、首都の人口の推定40％が死亡し、防御する人々の力と士気がそがれた。病気をまぬがれた人々も餓死するか打ち負かされて降伏した。首都が陥落し、独立したメシカの最後の王クアウテモク（1495頃-1525）が捕まってメシカ帝国は終わり、それとともに石器時代の最後の名残のひとつが消え去ったのである。

新石器時代のニューヨーク

◆

　チャタルヒュユク（現在のトルコ、アナトリア内）という重要な新石器時代の町は、紀元前9500年頃から7700年まで2000年近く継続的に人が住んでいたが、その重要性は道具や武器、鏡など、黒曜石の品物を生産していたことにある。チャタルヒュユクの住民は、近くにある新石器時代にはまだ活動していたハッサン火山から黒曜石を手に入れていた。この町のある家にあった火山の絵は、これまでに発見された最古の風景画とみなされている。交易でチャタルヒュユクを出た黒曜石が、エリコ（現在のパレスチナ領ヨルダン川西岸地区内）のようなはるか南で発見されている。

最後の砦
テノチティトランの陥落はメシカ文化の終焉を意味した。

オーカー
Ochre

分類：鉱物酸化物を含む粘土
起源：鉄に富む鉱物の風化
化学式：Fe_2O_3

◆ 産　業
◆ 文　化
◆ 通　商
◆ 科　学

オーカー（黄土、赭土）の利用の歴史をたどり、オーカーを顔料として使って工芸品や人骨に色をつけた人々が本当に人類と呼べるのかどうか考古学者や人類学者の意見もまだ一致していない、先史時代の人類を再度とりあげる。

人間になる

ホモ属の発生は230万年前までさかのぼり、ある説によれば、そのうち225万年のあいだ、古い人類は現代的な意味では本当は人間ではなかったという。道具を使い、狩猟採集民の集団で協力して生活し、おそらくなんらかのかたちの言語でたがいにコミュニケーションをとっていただろうが、それでも、非常によく似た特質と能力をもつ現代のチンパンジーの群れとそんなに大きくかけ離れてはいなかっただろう。

その後、今から8万年前から5万年前のあいだに、何かとんでもないことが起こった。遺伝的変異、驚くべき行動上の変化、さらにはもしかしたらETが訪れたのかもしれない（あなたは正しかった、エーリッヒ・フォン・デニケン、すべては許される！）。そして突然、夜、人々は洞穴のなかで火を囲んで座り、ビールを2～3本音を立てて開け、その日のマンモス狩りがどうだったかじっくり話しあっている。「俺を見たか？　もうちょっとで大きいのが獲れるところだったのに、最後の瞬間に逃げられてしまった！」一方、女たちはあっちへ行って、男たちの果てしない自慢と虚勢にうんざりさせられるのはご免だと思うときに女たちがすることをしている。

動物画の秀作
フランスのラスコーにある壁画は、オーカーをはじめとする天然の顔料で描かれている。

大地の色調
オーカーは人類の最初の顔料となった。

小さな手

　人類の進化の過程でこの時期に（あるいはもっと早い時期かもしれない、下のコラム参照）、古い人類は突然、行動面で現代的になり、より複雑な道具や工芸品を作りはじめ、芸術、文化、宗教を発達させだした。これらはすべて、表象にもとづく思考の能力がかなり向上したことの表れである。地球上のあらゆるところで、こうした発達にオーカーが重要な役割を果たした。この鉱物にはさまざまな色あいのものがある。たしかにほとんどが旧石器時代の「母なる大地」の色彩を構成する黄、赤、茶色の範囲内ではあるが。祖先たちはみずからの体を飾り、死者の骨を染め、野生動物の素晴らしい絵を描いた。たとえばスペインやフランスの深い洞窟にみられるマンモス、オーロックス（原牛）、ライオン、シカの絵である。

化粧
オーカーはいまだに体や顔に塗るものとして広く使われている。

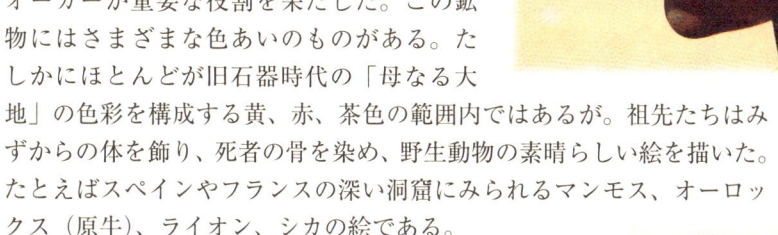

　かつては、シャーマンや猟師の作品で、おそらく石器時代のLSDに相当するものの影響下で行なわれる秘密の呪術的儀式のためのものだと解釈されていたが、最近では洞窟画はまったく新しい見方で整理されなおしている。洞窟の奥深くにある数多くの「フルーティング」——軟らかな表面に指で描かれた線や印——を分析したところ、5歳くらいの幼い男女の子どもによって描かれたことが判明したのである（下の引用句参照）。祖先の人々が地中深い暗い場所に入って何をしていたにしろ、それはおそらくかつて信じられていたような恐ろしいことでも秘密のことでもなかったのだろう。洞窟の口から見張るべきものがあまりない寒い雨降りの午後の、洞窟内での楽しい家族団らんのときだったのかもしれない。

　フルーティングを作った子どもたちのうちもっとも多作な子は5歳くらいの年齢だった。そしてその子が女の子だったことはほとんど確実である。興味深いことに、4人の子どものうちすくなくともふたりが女の子だったことがわかっている。ひとつの洞窟に子どもが描いたフルーティングがこれほどたくさんあるという事実は、そこが彼らにとって特別な場所であったことを示しているが、遊びのためか儀式のためかはわからない。
ケンブリッジの考古学者ジェス・クーニー、フランス、ルフィニャックにある旧石器時代の洞窟芸術について

だが、それは芸術なのか？

◆

　考古学者が人類のもっとも古い芸術表現の試みと認めている品は南アフリカのケープ州にあるブロンボス洞窟で発見されたもので、それは今からおよそ8万～7万5000年前のものであり、これにより人類の現代的行動の始まりが従来いわれていたより2万5000～3万年早かったと考えられるようになった。発見されたのは2個の赤いオーカーの小片で線がきざまれており、私たちがとくに退屈な会議の最中に鉛筆やボールペンで描くような落書きとそう違わない網目状の幾何学模様になっている。石や骨の道具、ネックレスとして身につけることができるように孔が開けられた貝のビーズのそばで発見されたこのオーカーの塊は、重要な芸術品あるいは神聖な品物なのだろうか、それとも祖先の誰かが暇なときにひっかいたものにすぎないのだろうか。

オーカー　127

石油
Petroleum

分類：炭化水素
起源：有機物が化石化したもの
化学式：C_nH_{2n+2}（飽和炭化水素の一般式）

◆ 産　業
◆ 文　化
◆ 通　商
◆ 科　学

ブラック・ゴールド
安価な石油が20世紀の自動車・消費主義の生活様式の燃料だった。

先に「アルミニウム」の項で第2次世界大戦が終わってから現在までの期間をアルミニウムの時代と呼んではどうかと提案したが、それはこの金属が家庭や職場のいたるところにあるからである。過去60年の工業・消費社会を規定するために同じくらい抵抗なく使えるもうひとつの鉱物が石油——原油——で、現代の自動車文明を駆動する主たる燃料であり、プラスティックや合成繊維の原料である。石油は第2次産業革命の石炭で、これがなくては私たちの文明が現在の豊かさと物質的快適さの目のくらむような高みに達することは決してなかっただろう。だが、私たち、あるいはその子どもたちがこの消費主義の乱痴気騒ぎのためにどれだけの代償を支払わねばならないのか、まだ確定していない。

タイタニック号のデッキチェアをならべなおす

　石油業界の重役たちの精神構造には何かとても特別なところがあるにちがいない。彼らは、ひとつのテクノロジーとして石油がもつ固有の価値と業界が存続する権利について同じような確信をもっているようで、いつもイスラム教、ユダヤ教、キリスト教の過激な宗派を連想してしまう。自分たちは正しい（そしてキリストの再臨や最後の審判でそう証明されるだろう）と信じこんでいて、眉間に弾丸をくらうのを別にすれば、彼らの考えを変えるものはこの世にないのである。しかし、過去40年の歴史を考えてみれば、もっともうぬぼれの強いオイルマン（石油企業家）でさえ、つかのま疑いをいだくときが少しはあるに違いない。

　1973年以来、オイルショックが原因でくりかえし起こった金融界の激震が世界経済を震わせている。先進国が近東の政治的に不安定な国々の地下に埋蔵されている石油に依存するようになったため、アメリカとその同盟国は20年におよぶ石油戦争にまきこまれ、2010年にはメキシコ湾原油流出事故がこの1世紀の原油もれの最高を記録し、そして化石燃料を燃やすことが原因の人間の手による気候の変化の証拠が増加している。このようなことが起こったからには、石油業界も長期的視点で見て、秩序だった計画的な技術的見なおしをして厳しく制限し、石油事業から撤退する潮時だとそろそろ認めるのではないかと思っている読者もいるだろう。しかし、豪華客船タイタニック号で一等船室の乗客に「左舷か右舷の遊歩甲板にお座りになってはいかがでしょう。この季節には氷山の眺めがとくによろしいですよ」と言ったとされる伝説の船室係

引火の危険
石油の採掘がむずかしくなるにつれ、事故がひんぱんに起こるようになった。

のように、オイルマンはたとえてみれば地球という素晴らしい船のデッキチェアのならべなおしのほうが心配なようで、水をくみ出して穴をふさぐ作業を始めそうにはない。現在の宇宙技術では、この地球が住めなくなっても宇宙の箱舟で船出して新しい住処を見つけることはできないのだが。

　たとえ話をもう少しすると、氷のコア、花粉化石、観測気球のデータを分析する、何年にもおよぶ継続的なあまり刺激的とはいえない調査によれば、私たちはたんに氷山に向かって全速力で航海しているのではなく、すでに衝突していて、喫水線より下に穴が開いて警戒すべき速さで水が入っているのだ。そして乗組員、つまり政府と研究機関と企業のエリートたちは、甲板に少ししかないこの船の救命ボートに熱いまなざしを向けはじめたが、乗客すなわち私たちはまだこの大型定期船に破滅がせまっていることをまったく知らないか故意に認めないでいる。もちろん、よく知っている読者なら指摘するだろうが、タイタニック号の沈没でも生存者はいた。乗っていた2223人のうち706人が生還したのだ。人間がひき起こした気候の変化が理由で人類に起こるかもしれないことについて同じ計算をしたら（そうならない特段の理由はないし、もちろんずっと悪いことになる可能性もあるが）、約20億人が生き残ることになる。オイルマンたちは、自分や自分の子孫が人類の幸運な3分の1に入って、うまく救命ボートに乗るか、救助してもらえるほど長く漂流物にしがみついていられると信じているのだろうか。

　落胆するような答えだが、心理的およびイデオロギー的動機にもとづいた盲目的な利己主義のせいで、石油業界とそれに依存している経済

つつましやかな始まり
初期のアメリカの石油生産量は千バレル単位だった。

石油　129

抑えることができない
オイル・ロビーと呼ばれる圧力団体の力が、ガソリンと自動車が一体となった支配を確かなものにした。

　界、産業界、政界の多くのエリートたちは故意に認めないでいるようだ。それとももしかしたら、彼らにはルイ15世（1710-74）の愛人ポンパドゥール夫人（1721-64）のような人がいるのかもしれない。夫人は王をそそのかして、フランスを事実上崩壊状態にする（そして20年後にフランス王室を滅亡させることになる）一連の破滅的な軍事および財政上の決定をさせ、愛しい王に「*Au reste, après nous, le Déluge*」と言った。おおよそ訳せばこうなる。「あとは野となれ山となれ」

石油の興隆、それは抑えることもできる

　1941年、ドイツの劇作家ベルトルト・ブレヒト（1898-1956）は、1930年代のアドルフ・ヒトラー（1889-1945）とドイツファシズムの台頭を風刺した『アルトゥロ・ウイの興隆――それは抑えることもできる』という劇を書いた。この1世紀半の抑えることもできた石油の興隆と関連技術についても、同じような小説を書くことができる。石油、軽油、ガソリンは内燃機関とともにすべてまさに西洋文明の構造の一部をなし、自由な民主主義、ゆずることのできない人権、懐かしいママのアップルパイと同じくらい西洋文明の存続に不可欠なものに思えるかもしれないが、それらが支えている経済・工業複合体は、本書が発行される

　世界が産業エネルギーの主要な供給源を化石燃料に依存しつづけるなら、約200年以内に石炭生産のピークがくると予想できる。現時点で予想される石油と天然ガスの最終的な埋蔵量にもとづけば、これらの世界の生産量のピークは約半世紀以内に来ると考えられるが、アメリカとテキサス州のどちらにおいても石油と天然ガスのピークが今後何十年もたたないうちに来るだろう。
　M・キング・ハバート（1903-89）、『核エネルギーと化石燃料（*Nuclear Energy and the Fossil Fuels*）』（1956）のなかで

2012年の時点で、生まれてからまだ160年しかたっていない。

　古代にも多くの文化で石油をはじめとする炭化水素が使われていた。昔の中国人は石油を明かりや暖房、そして塩を生産する目的で海水を沸かすための燃料とした。現在のイラクにあたるメソポタミアの人々は、豊富に埋蔵されている石油、ビチューメン（瀝青）、アスファルトを建物の防水処理に使い、古代ペルシア人やローマ人は石油ランプの燃料にした。後期ローマすなわちビザンティン時代には、おそらくギリシアの火の成分として使われた。これは現在のナパーム弾のように恐ろしく威力のある武器で、その働きもあって西洋のキリスト教国を蛮族の侵入やイスラム教徒による征服から守ることができた。

　1852年にポーランドの化学者イグナツィ・ウカシェヴィチ（1822-82）がはじめて石油を精製して灯油を生産し、その結果、1853年にポーランド南部に初の石油「鉱山」が開設された。1年後にはエール大学の教授ベンジャミン・シリマン（1779-1864）が蒸留によって石油を分留することに成功する。石油は最初は照明用燃料として使われ、当時の有力なエネルギー生産技術は石炭をエネルギー源とする蒸気だった。アメリカ初の油田はペンシルヴェニア州オイルクリークにあったが、操業初年目の生産量は1日に25バレルというあまりぱっとしないものだった。

　人類史におけるこの時点に、地球は経済的、鉱物学的、技術的に重要な転機を迎えた。エネルギー赤頭巾ちゃん、森のあの道をまっすぐ行きなさい、そしたら「炭化水素がたくさん」の楽しい神秘の国があるよというわけだ。だが、「代替エネルギー資源の国」へつながる別の道を行っていたら、人類は地政学的、生態学的にまったく違うところに達していたかもしれない。もちろん人類は石油のほうの道を行っていきづまってしまったのだが、まだ方策はある。深海の石油やタールサンドも含め、地球の既知および予想される油田のことだ。ただし、その正確な状態、大きさ、有用性の推定で、計画立案者や経済学者、石油業界のアナリストたちは夜遅くまで眠れない。だが、石油ブームの初めの十数年のあいだにアメリカの生産量は19世紀中頃の数千バレルから20世紀初めの数億バレルまで増

闇を照らす
照明用の灯油が、最初に大量販売された石油製品だった。

古代の明かり
ローマ人は石油を明かりの燃料として使った。

石油　131

ガソリンと呼ばれる（…）新しいエネルギー源が、（…）ボストンのある技術者によって生産されている。燃料をボイラーの下で燃やすのではなく、エンジンのシリンダーのなかで爆発させる。危険は明白である。おもに利益に関心のある人々の手に大量のガソリンがあれば、火事や最大級の爆発や事故につながる。ガソリンで動く、馬のいない乗り物は、時速20キロ程度、さらには30キロ以上のスピードが出せる。通りや道路を突進し、大気を毒するこの種の乗り物の国民への危険にかんがみ、たとえ軍事および経済的意味がそれほど悪いものでなかったとしても、早急に法的措置をとることが求められている。

アメリカ議会記録、1875年

え、そのすべてが抽出され蒸留されて、人類が自分で鉄と鋼で作り出した新たなテクノロジーの神、内燃機関に供給されたのである。

内燃機関の牽引力

1930年代以降、世界の経済を動かしてきたテクノロジーと工業の巨大な怪物が内燃機関である。結果として生じた文化の変化をどう思うかは考え方によって違い、はじめて大量販売された自動車であるモデルT（次ページのコラム参照）の生みの親ヘンリー・フォード（1863-1947）の信奉者なら、地上の楽園だと思うだろうし、そんなことより地球の長期的な状態や人類という種の生存に関心がある人ならきっと、祖先たちは最悪の決断をしたと思うだろう。

人類の文明のごく初期には、技術的な選択肢はかなり単純明快だった。黒曜石の斧とフリントの斧のどちらにするかという程度だったのだ。だが、技術が複雑になるにつれ、選択肢も複雑になり、ついにはVHSとベータマックスのどちらにするか、あるいはそんなささいなことではなくて内燃機関にするか外燃機関にするか、ガソリンにするか電気にするか、それともバイオ燃料にするか選ばなくてはならないところまできてしまった。ある平行宇宙では、もう少し違う発見や資源の選択肢があり、現在の内燃機関エネルギー供給モデルではなく、なんらかの種類の超進歩した外燃機関駆動の乗り物、あるいはバッテリーや穀物アルコールによってエネルギーが供給される自動車で通勤していないともかぎらない。

内燃機関技術の歴史はイタリアのトスカナで始まり、カトリックの聖職者で教育者のエウジェーニオ・バルサンティ（1821-64）が密閉した容器のなかで水素と空気を爆発させて単純なエンジンを駆動するアイデアを思いついた。1851年に技術者のフェリーチェ・マッテウッチ（1808-87）

手押し車
1870年に製造された世界初の「自動車」。

自動車エンジン
カール・ベンツが設計した初の販売目的の内燃自動車エンジン。

と出会って一緒に設計し、ついに1854年にロンドンで最初の内燃機関の特許をとった。私たちがイタリア製の「バルサンティ」や「マッテウッチ」でドライブしていないのは、ひとつには両人とも発明したものを完全には理解していなかったせいもあるが、おもに彼らのエンジンが大きくて大型蒸気船になんとか搭載できるくらいだったからである。ガソリンを燃料とする内燃機関を使った最初の「自動車」が製造されたのは1870年で、オーストリアの発明家ジークフリート・マルクス（1831-98）による。正直なところそれはあまり見栄えがよくなかった。内にも外にも何も飾りのない手押し車に垂直の内燃機関がのっているだけなのである。しかし、これによって原理が実証され、20年後にドイツでカール・ベンツ（1844-1929）やゴットリープ・ダイムラー（1834-1900）が最初の注文製自動車を製造することになる。

その頃でもガソリン内燃機関は、電気や蒸気で動く機械との競争はもちろん、初期の内燃エンジン車はバイオ燃料の元祖であるエタノール（穀物アルコール）でも走ることができたため、代替燃料技術にも勝たねばならなかった。しかしフォード率いる自動車業界と成長しつつある石油業界の圧力団体の協力により、内燃機関と石油はあらゆる障害をのりこえて今日まで市場を支配しつづけた。21世紀初頭でも、核や再生可能なエネルギー源が開発されたにもかかわらず、石油はまだヨーロッパのエネルギー消費のおよそ30％を占めている。北米では40％、アフリカでは41％、中南米で

モデル車

◆

フォードのモデルT（1908-27）は組み立てラインで大量生産された最初の自動車である。そのこと自体、工業生産に大変革をもたらしただけでなく、内燃技術で駆動されるはじめて大量販売された自動車でもあった。これが大成功したことで、ガソリン内燃機関で動く車が、その後何十年も工界業のリーダーになり、生みの親であるヘンリー・フォード（1863-1947）の、ひと家族が乗れるほど十分に大きいが、買って走らせることが出来るほど十分に安い「一般大衆のための車を製造」し、誰もが「神に与えられた素晴らしい屋外の空間で、家族と一緒に楽しいひとときをすごせる」ようにするという夢を実現した。

石油　133

は44％、近東では53％となっている。2010年には、アメリカは1日に約1914万8000バレルという大量の石油を消費し、その51％を輸入する必要があり、72％は運輸部門で使われている。大半の先進国もアメリカの数値と似たりよったりである。中国、ブラジル、インドはアメリカに大きく水をあけられていたが、急速に追いついてきている。

オルドヴァイ・クリフへの道

　システムエンジニアであるリチャード・ダンカンの、人類のあらゆる資源にハバート曲線（右ページのコラム参照）を大雑把に適用したオルドヴァイ仮説によれば、私たちはオルドヴァイ・クリフから落ちそうになっているという［仮説では、年次別の世界の1人あたりエネルギー生産量をプロットしたグラフの、ピークと平坦部をすぎて急激に下降する部分をクリフ（崖）と呼んでいる］。オルドヴァイ峡谷は東アフリカの大地溝帯の一部で、人類発祥の地とされているところである。そこは地球上ではじめて人類が住むようになった場所で、そのため工業化文明の終焉をもたらすかもしれない経済的技術的崩壊にふさわしい名称でもある。この仮説は、多くの再生可能でない資源とエネルギーの生産は1979年にピークに達したと主張する。1999年までの20年間はゆっくりだが着実に衰退し、そのあいだ人々は借り物の時間、マネー、品物、エネルギーで生活した。そして、21世紀の最初の10年は衰退と経済の混乱が加速する時期で、十分な勢いが蓄えられて2012年には私たちは崖のふちから飛び出し、

石油戦争
西欧は1990年以来、石油戦争に関与してきた。

突進するアメリカ
アメリカは1日に1900万バレル以上を消費し、大部分が運輸部門で使われている。

枯渇
ハバート曲線は、2200年までに石油がなくなると予言している。

2030年頃までに石器時代に逆戻りするのだという。

　ダンカンが正しいなら、18世紀末にイギリスの産業革命の火のなかで生まれた人類の技術と科学と工業の時代は3世紀もたなかったことになり（そして私たち自身の消費社会は1930年から2030年の1世紀だ）、青銅器時代のおよそ2000年や石器時代の260万年と比べるとなんともひどいできである。2030年には、あなたは家族の洞穴で焚き火のそばに座ってこの本を読んでいるのかもしれない。

ハバートのカーブ
◆

　ハバート曲線は世界の油田の将来の生産量を表わしたものだが、地球上のあらゆる有限の天然資源に適用できる。M・キング・ハバート（1903–89）は、今日のように環境問題が活発に論じられるようになるかなり前の1950年代に、この考え方を提案した。物やわらかな元オイルマンで、学者になり、アメリカ政府の地質調査所で働いたこともあるハバートは、腹に一物ある熱烈なエコ戦士ではない。生産データを調べ、残っている石油埋蔵量を最善をつくして推定し、石油は2200年頃までになくなってしまうだろうと予言した。

燐
りん

Phosphorus

分類：非金属
起源：燐酸塩鉱物
化学式：P

◆ 産　業
◆ 文　化
◆ 通　商
◆ 科　学

危険なのに白
白燐は有毒だが赤燐よりずっと安かった。

火事の原因
摩擦マッチは家庭や工場の火災のおもな原因だった。

　燃えやすい元素である燐が発見される前は、こすって火をつけるには木製の錐、2個の火打石、あるいは火口箱を使って時間のかかる作業をしなければならなかった。燐のマッチは、最初は製造の際に爆発の危険があるうえ有毒だったが、人類にとって大きな恵みであり、たちまち既存のあらゆる火起こしの方法にとって代わった。

発火具

　火起こしは大昔からある技術で、蝋燭、ストーブ、煙草にライターやマッチで火をつけるとき、誰もそれが技術的大躍進だとは思いもしない。だが、時計を何百万年か戻してみると、火は自然環境の危険で予想のつかない要素だった。落雷、火山の噴火、落石による火花、自然発火によって気まぐれに火がつき、それによって窒息や負傷、あるいは死亡することもあったのである。人類にもっとも近い霊長類であるチンパンジーの研究によれば、チンパンジーが意図的に火を起こしたり使ったりするのが観察されたことはないが、火の存在と危険性を知っていて、火があるところで「ファイアー・ダンス」をするのがみられたことがある。

　火を使いこなせるようになったことは人類の初期のきわめて大きな技術的成果であり、はじめての重要な環境操作といってもよく、火を支配することで人類は洞窟を明るくし、体を温め、危険な動物を寄せつけず、そしてもちろん家族のために焼いた食事を作ることができた。人類

136　世界史を変えた50の鉱物

発見後すぐにリンは発火に使えそうだとわかる。クンケルは紙にリンを塗り、たたけば火がつくマッチをつくる。18世紀の間じゅういろいろな試みがされたが、なかには危険なものもあった。

ペル・エングハグ『元素大百科事典』（2004）［渡辺正監訳、朝倉書店］

が永続的に定住して農業をするようになると、火は「焼畑式」農業に欠かせないものとなり、この技術は今でも世界中の最低限の生活をしている農民に実践されている。火によってひき起こされる物質の変化には多くのものがあり、土器や金属を作るためのごく初期の方法から始まって、その後のあらゆる材料技術の基礎をなしている。それでも、人類文明にとっての重要性の大きさを考えると、18世紀にマッチが発明されるまでは火がちゃんと使いこなされていたとはいえない。そして、マッチが発明されても、もっともふつうに使用された材料は白燐で、これはきわめて不安定で軽くたたくだけで発火し、それを扱う人にとって非常に有毒だった（次ページのコラム参照）。

安全に
安全マッチの発明で、ついに火を使いこなせるようになった。

赤い頭がトレードマークの「安全マッチ」はスウェーデン人の発明である。化学者グスタフ・パッシュ（1788-1862）が1844年にはじめて安全マッチを作ったが、安いが有毒な白燐に比べて赤燐はコストが高くついたため、商品化することができなかった。その後、ユーアン・エドヴァルド（1815-88）とカール・フラン（1823-1917）のルンドストレーム兄弟がパッシュの発明を完成させて、19世紀後半から20世紀初めにかけて世界のマッチ業界を支配しつづけた。成功の秘密は、塩素酸カリウムと硫黄の混合物を含むマッチの頭と、赤燐を含み粉末ガラスでざらつきを与えた摩擦面とに、活性成分を分けたことにある。マッチをするという単純な行為は、注目は浴びないが化学工学の驚異なのである。

血液の中の火
◆

燐という元素は毒性が高く燃えやすいが、その一方でそれなしでは有機生命はありえない。分子レベルで燐は代謝のもっとも基本的なプロセスに非常に密接にかかわっているため、燐がなければ生物の生理化学は崩壊してしまう。燐は遺伝物質（RNAとDNAの両方）の構造の骨組みの一部をなし、細胞にエネルギーを供給する燃料であるATP（アデノシン三燐酸）の構成要素である。もっと大きな生理学的レベルでは、燐は骨や歯を作る重要な成分である。

増える厄介ごと

燐はあらゆる生命システムにとって非常に重要で、現代文明を支えている農業技術において主導的役割を果たしている。作物の収量を増大させる無機肥料や害虫を駆除する殺虫剤の成分であり、これがなければ単一栽培の食料生産は成り立たないだろう。だが、無機肥料と殺虫剤を使用すると、環境から大きなしっぺ返しを受けるという問題がある。まず、無機肥料を生産するのに使われる天然の燐酸塩を、増える一方の世界の人口が必要とする量だけ供給しつづけられるか疑わしい。そして、燐酸塩の抽出と生産で大量の廃棄物が生じる。また、燐酸肥料と有機燐殺虫剤を使用すると有害な残留物が環境や人間の食物連鎖に入ることになる。

19世紀に人類がついに元素化学というパンドラの箱を開いて、自然が与えてくれた既存の物質から新しい化合物を作りはじめると、この知識は医療、工業、農業の進歩をもたらし、20世紀に私たちが目撃したように、人口が大きく増加し、寿命が大幅に延び、生活水準が格段に向上した。農業にかんしては、ドイツの化学者ユストゥス・フォン・リービヒ（1803-83）が化学肥料の働きを明らかにして使用を奨励した（それまでは農民は愚かにも人間や動物の糞尿を土壌にまいて作物を育てていた。途方もないことだが本当だ！）。リービヒは、作物収量の制限要因は土壌中の栄養の全体量ではなく、もっとも不足している栄養の量だとする「最小律」を立証した。いい換えれば、土壌にたとえば燐やカリウムのような特定の鉱物が不足していれば、どんなにたくさん肥料を与えても、その栄養が十分量入っていないかぎり、作物の収量は増えないのである。

リービヒが人造肥料の父なら、イギリスの農学者ジョン・ベネット・ローズ（1814-1900）は人造肥料ビジネスの誕生を主導した人物である。ローズは有閑階級のイギリス紳士で、探究心に恵まれ、ロンドンの北にあたるハートフォードシャーの広大な土地を含むかなりの額の遺産を相続したため、生活のために働く必要がなかった。イートン大学とオックスフォードで教育を受け、1830年代に農業の実験を始めた。1842年に燐鉱石を

恐ろしい病

◆

恐ろしい職業病のリストのなかで、マッチの製造工場で白燐を扱う人に出た症状である「燐顎（りんがく）」はかなり上位にランクされるにちがいない。顔の骨に燐が蓄積することによって起こるこの病気は、歯や歯ぐきの痛みから始まって顎にひどい膿瘍を生じ、続いて脳障害や全般的な臓器不全によって死にいたる。こうした症状により、結局20世紀初めにマッチ産業での白燐の使用が禁止され、毒性はずっと低いが値段が高い赤燐がとって代わり、今日でも安全マッチの生産に使われている。

最大の収量
ユストゥス・フォン・リービヒは農業の「最小律」を立証した。

裸にされて
燐が豊富なナウルの島は徹底的に露天掘りされた。

硫酸で処理して肥料を生産する方法の特許をとり、はじめて「過燐酸」肥料を作った。

　20世紀の前半、肥料業界に燐酸塩を供給した世界有数の生産国が太平洋の島国ナウルである。この島は容易に採取できる燐酸塩鉱物の表層堆積物で覆われていて、大規模に露天掘りが行なわれ、それにより石油産出国の富に匹敵する世界最高レベルの国民ひとりあたり所得を得ていたが、1980年代に燐酸塩がつきると、島は傷跡だけ残して破産状態になった。今ではもっと大きな太平洋の隣国オーストラリアの支援でなんとか暮らしているナウルの悲しい運命は、埋蔵されている採掘可能な燐酸塩が使いつくされたときにもっと広範囲に何が起こるか、そしてその結果、世界の農業生産量が激減することをはっきりと警告しているのである。

急成長
燐酸肥料の導入により、作物の収量がいちじるしく増加した。

燐

白金
Platinum

分類：貴金属（遷移金属）
起源：自然金属および漂砂鉱床
化学式：Pt

◆ 産　業
◆ 文　化
◆ 通　商
◆ 科　学

本書に登場する３つの貴金属のうちもっとも硬くてもっとも高価な白金（プラチナ）は、アンデス地方の先住民が大昔から白金を加工していたアメリカ大陸から見本が持ち帰られるまで、ヨーロッパでは知られていなかった。宝飾品以外では、この金属のおもな用途は自動車のエンジンの排出物を無害な排気ガスに変える触媒コンバーターである。

白い金

コロンブス到来以前のアメリカ大陸の歴史における大きな謎のひとつが、中南米にいくつかあった非常に進歩した文明の文化的、科学的、技術的レベルがごた混ぜの状態だったということである。「黒曜石」の項で述べたように、16世紀のアステカ＝メシカとマヤ（現在のメキシコ、グアテマラ、ベリーズ、ホンジュラス）には非常に高度な金の冶金術があり、数学や天文学が進んでいたにもかかわらず、技術的には石器時代のままだった。アーチ、車輪、牽引用動物、鋤がなく、銅をある程度使用していたものの、石から金属への技術的飛躍を果たしていなかった。

アンデス地方ではさらに大きなコントラストがみられる。インカとその後継文化は文字をもっていなかったが、キープという縄の結び目を使う方法で記録をしていた。そして、車輪や鋤をもっていなかったが、ラマとアルパカを牽引用動物として使っていた。アンデス人も非常に高度な金と銀の冶金術をもち、銅とその合金についていくらか知識を有していたが、紀元前４〜３千年紀のユーラシアの文

白金の基準
◆

1799年にフランス第一共和政（1792-1804）の改革的な政府は、新しい長さの尺度であるメートルを、パリを通る経線上での北極点と赤道の距離の1000万分の１と定めた。フランスの科学者は、純粋な白金の棒を鋳造してメートル原器とした。この原器は1889年まで基準とされ、０℃で測定されたプラチナ90％とイリジウム10％でできた原器に交換された。このメートルは1960年まで続き、今度はクリプトン86同位体元素の波長で置き換えられ、最終的には1983年に光の速度（真空中で秒速299,792,458メートル）からメートルが定義された。

この指輪とともに
白金は金に代わる結婚指輪の材料として人気がある。

現代の冶金学者は長いあいだ、とくに白金の加工技術にすぐれているわけでもないコロンビアの鍛冶師が、どうして金と白金が均質な合金になっている宝飾品や容器を作ることができたのか、不思議に思った。古代人が白金をその極端に高い融点（1775℃）まで加熱したはずがないため、理論上はそれは不可能だった。
アーサー・ウィルソン『生きている岩石（The Living Rock）』（1994）

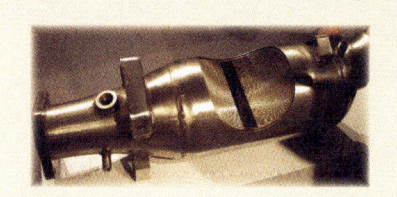

CAT
◆

白金は、内燃機関によって生じる有毒な汚染物質を無害な物質に変える触媒コンバーターすなわち「CAT」に使われている触媒である。現代の三元CATは一酸化炭素を二酸化炭素に、残った炭化水素を水に、窒素酸化物を窒素に変える。触媒コンバーターは自動車が原因の汚染、とくに酸性雨の発生を減らしてきたが、温室効果ガスである二酸化炭素の排出量の増加につながった。

明のように青銅器時代への移行を果たしたとはいえない。だが、おそらくもっと奇妙なのは、コロンビアとエクアドルの先住民が、ヨーロッパでは16世紀中頃まで知られていなかった金属である白金の加工法の秘密を知っていたことである。

コロンビアとエクアドルの鍛冶師は漂砂鉱床の白金と金を合金にして宝飾品、容器、マスク、装飾品を作り、ヨーロッパから来た植民地開拓者がはじめてそれらを「白い金」として認識したが、ヨーロッパでは新世界から持ち帰った見本を化学者が分析するまで白金は知られていなかった。考古学者は長年、アンデスの鍛冶師がどうやって白金と金の合金を作ったのか不思議に思っていた。純粋な白金の融点は1775℃で、当時アメリカ大陸で用いることができた冶金術と炉の技術では考えられない温度だったからである。唯一可能な説明は、アンデスの金属細工師は少量の白金を融けた金にくわえて、この混合物をくりかえしたたき融かして、ついには白金だけを融かすのに必要な温度よりかなり低い温度で合金にしたというものである。アンデスの文明が滅びると、彼らの白金の加工技術に匹敵するものは19世紀まで現れなかった。

神秘の金属
コロンブス到来以前にエクアドルで作られた白金のマスク。

鉛
Plumbum

分類：金属
起源：鉱石、とくに方鉛鉱
化学式：Pb

◆ 産　業
◆ 文　化
◆ 通　商
◆ 科　学

鉛の加工には長い歴史があり、それはかならずしも鉛自体が目的ではなく、一緒に存在することが多い銀の抽出のためであった。しかし、古代には鉛は水道管、食品の調理やワイン作り、陶器、絵画、印刷など、産業や家庭でさまざまな用途に使われた。大いに議論を呼んだ用途のひとつは20世紀のもので、エンジンのノッキング防止のためにガソリンに添加され、その結果、環境にひどい害をおよぼした。

衰退と滅亡

「ローマ帝国の崩壊」という表現は、社会的政治的大変動だった独立戦争（1776-83）でのアメリカ植民地におけるイギリス支配の終焉や1789年のフランス革命によく似た突然の出来事を思わせるかもしれないが、おそらく長期間にわたって進行し、ついにある状態から別の状態へ移行して突然の危機にいたったのであろう。読者のなかには、西暦410年の（紀元前387年以来はじめての）西ゴート族によるローマ侵略が帝国の終焉のきっかけになったと推測する人がいるかもしれないが、ローマはこの災難も455年の2度目の侵略もなんとかしのいで存続した。西洋の伝統的な年代学の考え方でいけば、西ローマ帝国の最後の皇帝、立派な名前をもつロムルス・アウグストゥルス（475-76在位）の退位をもって帝国の公式の「滅亡」とされる。しかし、当時はそうは認識されていなかったはずである。というのは、ローマ皇帝が首都コンスタンティノープルから帝国の東半分を支配しつづけたからである。1453年にコンスタンティノープルが陥落するまで、ビザンティン帝国の皇帝たちは、実際には権力がコンスタンティノープルの町より外にはほとんどおよんでいないときでも、自分がローマ世界全体の支配者であるという幻想をいだきつづけた。

対の金属
鉛はたいてい銅や銀を含む鉱石の中にある。

西でのローマ帝国の終わりは、1945年のナチの第三帝国の滅亡のような突然の出来事ではなく、スローモーションで引き伸ばした自動車事故のようなもので、何世紀もかかった。滅亡の原因については数世紀にわたって議論されてきた。もっとも有名なのがエドワード・ギボン（1737-94）による『ローマ帝国衰亡史』（1776-88）である。ギボンは、「来世での幸福ということが宗教の重要な目的である以上、キリスト教の導入が、少なくともその蔓延が、ローマ帝国

の衰亡に多少の影響を与えたと聞いても、われらは驚いたり呆れたりするには及ぶまい」［『ローマ帝国衰亡史 第VI巻』朱牟田夏雄訳、筑摩書房］と書いている。ギボンは、帝国の衰退の原因の多くがカトリック教会の興隆と、それがローマ世界の軍国精神と富におよぼした影響にあるとした。のちの歴史学者は経済、イデオロギー、軍事、技術、環境の要因を組合せて説明するのを好んだが、何人もの医学史の専門家が、ローマ時代に鉛が広く使用されていたことに原因があるのではないかというもっと風変わりな説明を試みた（下の引用句参照）。

命とりのパイプ
鉛がローマ帝国滅亡の原因だったのかもしれない。

重金属

鉛は金や銀の輝きや価値、青銅のような広い用途はもっていないかもしれないが、地殻にふつうに存在する金属元素で、軟らかくて比較的容易に加工や鋳造ができる。ローマ人は銀の抽出と精錬の過程で鉛を大量に生産し、実用的な鉛の用途を数多く見出した。しかし、他の重金属と同様、鉛は人間にとって有害で、鉛中毒の症状の激しさはさらされた状況や時間によって異なる。鉛は体内に蓄積し、末梢および中枢神経系に害を与える。鉛中毒の症状には神経障害（感覚の喪失と手足の麻痺）、腹痛、不眠、無気力または活動過多、激しい場合には発作や死にいたることもあり、ほかに関連する影響として貧血、泌尿器や生殖の問題がある。12歳未満の子どもはとくに影響を受けやすく、調査の結果、環境中の鉛への曝露と、子どもや若者の学習困難、ADHD（注意欠陥多動性障害）、反社会的行動とのあいだに直接的な関連性があることがわかっている。

ローマ人は鉛をおもにふたつのやり方で使用し、そのため生涯にわたって長時間直接鉛にさらされることになった。ローマ人は鉛で水道管を作り、食物やワインにくわえるデフルタムやサパという果物から作る甘味料を煮たり保存したりするのに鉛製の容器を使った。

精神の病
古代の医者は鉛が有毒なことを知っていた。

蛮族でも、キリスト教徒でも、道徳的堕落でもない（…）本当の原因はワインが酸っぱくなるのを防ぐために鉛を使用したことにある。鉛がローマ皇帝たちの狂気の本当の原因だったのだ。鉛入りのワインが帝国を衰退させたのである。
S・C・ギルフィラン「鉛中毒とローマの滅亡（Lead Poisoning and the Fall of Rome）」（1965）

さらに、裕福な市民ほど多く水道水を飲み、甘くした食物やワインを消費したため、社会的地位が高いほど鉛の摂取量が多くなり、もっとも影響を受けたのは宮廷の人々だった。ローマ人はすぐれた軍事能力と行政手腕をもっていたにもかかわらず、しばしば現実把握がかなり怪しい殺人狂によって統治されたといわざるをえない。1世紀の皇帝カリギュラ（西暦12-41）とネロ（西暦37-68）がよい例である。しかし何人もの歴史学者が鉛中毒説を疑問視し、ローマの勢力の衰退における鉛の重要性を過大に評価するものだと主張している。なんといってもローマが隆盛を誇った数世紀のあいだも鉛は使用されていたはずだし、東ではローマの支配がもう1000年続いたのだからと、彼らは論じている。

悪名高きミスター・ミジリー

話を20世紀に移すと、「地球史の中で彼以上に大気に影響を与えた単一生命体はいない」と書かれて歴史に名を残すことになる人物、今となっては悪名高いトマス・ミジリー（1889-1944）がいる［『20世紀環境史』J・R・マクニール著、海津正倫・溝口常俊監訳、名古屋大学出版会］。ミジリーがこのありがたくない評判を得ることになったのは、1920年代に技術革新をふたつも果たしたことによる。ひとつは冷媒として使うクロロフルオロカーボン（CFC類）の合成法の改良で、今ではこの物質はオゾン層を破壊することで知られている。そしてもうひとつは、エンジンのノッキングを防ぐためのガソリンへのテトラエチル鉛（TELとも呼ばれる。$(CH_3CH_2)_4Pb$）の添加である。ノッキングはガソリンと酸素の混

印刷
◆

この数世紀、鉛は紙上でどちらかというと悪者にされているが、この金属から大きな恩恵をこうむってきた分野があり、それは植字と印刷である。15世紀にヨハネス・グーテンベルク（1398-1468）が、鉛、錫、アンチモンの合金を母型に流しこんで可動活字を作る方法を開発して、西洋もようやく東アジアに追いついた。この発明によって印刷物や本がそれまでより安価で入手しやすくなり、識字能力と教育の革命が起こった。

金属活字
可動活字は鉛と錫とアンチモンで作られた。

環境破壊
鉛は何年も環境中に残る。

合物の燃焼が一様でないために起こり、エンジンの性能低下や磨耗の増加につながることもあって、ひどい場合はピストンのケーシングやヘッドが損傷する。無味無臭で無色のTELがこの問題を解決したが、環境面で非常に大きな犠牲をともなった。

TELの最初の犠牲者は、添加剤が最初に製造されたオハイオ州デートンにあるデュポンの工場の従業員だった。そことニュージャージー州にあるゼネラル・モーターズ・ケミカル・カンパニーで死者が出て、安全上の理由から工場の閉鎖が命じられた。このときばかりは幹部役員も自分たちが製造している毒物の影響をまぬがれることはできなかった。ミジリー自身は健康上の理由から長期にわたって休暇をとらなければならず、それは鉛中毒が原因だったと多くの人が考えている。TELはアメリカとヨーロッパでは1990年代まで廃止されず、都市部、とくに交通量の多い道路やハイウェーのすぐそばの環境中に高濃度の鉛という負の遺産を残した。

毒に毒を
ミジリーは、ただでさえ空気を汚染するガソリンにさらに毒をくわえた。

経済学者のリック・ニーヴンは、鉛汚染物質にさらされたことが、1980年代にアメリカの多くの都市で犯罪発生率が高く、地区によって犯罪統計のばらつきが非常に大きかったことの原因ではないかと述べている。環境中の鉛濃度がもっとも高い地域で犯罪発生率も最高になっているのである。ニーヴンは、アメリカよりあとにTELを廃止した国の状況に言及し、そこでは犯罪率がピークになって少しのちに下がっている。2002年、ペンシルヴェニア州ピッツバーグの青少年犯罪者にかんする調査により、彼らの血中鉛濃度は、犯罪を犯していないティーンエージャーからなる対照集団に比べて高いことが明らかになった。研究者によれば、鉛中毒になった少年たちの自制心は低下し、反社会的行動の発生率が増え、非行が発生したのだという。

プルトニウム
Plutonium

分類：放射性元素（アクチノイド）
起源：ウラン鉱石
化学式：Pu

◆ 産　業
◆ 文　化
◆ 通　商
◆ 科　学

すごい物質
プルトニウムは科学が知っているもっとも強力なエネルギー源である。

このプルトニウムにかんする記事は、関連の深いウランについての記事（202-207ページ）とあわせて読むとよいだろう。これらふたつの物質は核兵器と原子力発電に利用され、切っても切れない関係にあるからである。プルトニウムは核ミサイルや核爆弾の製造に使われ、プルトニウム自体、核兵器の拡散の点やテロリストによる「汚い爆弾」の製造に使われる可能性の点でもっとも懸念されている物質である。

この島国
イギリスが、大陸の近隣諸国は何かたくらんでいるのではないかといつも疑っている島国だといわれているとしても、日本に比べれば新約聖書の教えに従う国際主義者で、来る者すべてに門戸を開いている。しかし、日本にはこうなった理由がある。17世紀前半から19世紀後半までのおよそ250年間、唯一の小さな戸口である長崎という港町を除いて、日本国内の島々は外の世界から閉ざされていたのだ。長崎については、江戸（現在の東京）にいる軍事独裁者、将軍が頂点に立つ幕府は、おもに中国とオランダの商人からなる厳しく制限された数の外国人訪問者と居住者の存在を容認していた。この玄関を通して、幕府が外の世界について知る価値があると考えたものだけが入り、それはあまり多くはなかった。その一方で、国内のそのほかの場所は内に引きこもり、日本の文化は西洋がもち提供するどんなものよりはるかにすぐれていると思いこんでいた。

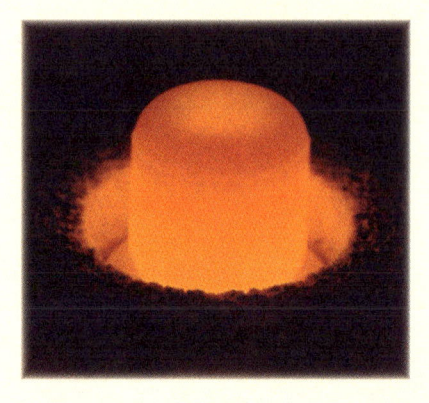

1853年に提督マシュー・ペリー（1794-1858）に率いられたアメリカの砲艦の小艦隊がやってくると、日本の港を開いて外国と貿易せよという要求を幕府は受け入れざるをえなくなり、ちょうど中国で10年以上してきたように、みな日本というパイの分け前にあずかりたくてたまらない西洋の列強のあいだで無制限の自由競争が始まった。強制的な開国によってひき起こされた衝撃は、将軍の排除と、名目だけではあるが、

先祖が長いあいだ古都京都で儀式的な役割に甘んじていた明治天皇（1852-1912）への交替につながった。

　1868年の明治維新の当初の目標が不平等条約をこばんで外国人を日本の土地から追い出すことだったとしても、実際に起こったのは、国際主義的で近代化をめざす新しい強力な中央集権国家の成立だった。中国やあまり幸運でなかったアジア太平洋の近隣諸国の多くと違って、日本は独立を維持し、技術や軍事で西洋に追いつくことにエネルギーを注いだ。1904年には、日本はこの地域でもっとも有力なヨーロッパの強国である帝政ロシアを破るほどになった。短いが新時代を画するこの戦争で、大航海時代以来、はじめて西洋以外の国が西洋の強国に対して立ち上がり、決定的な勝利を上げたのである。

天皇とファットマン

　日本人にとって不運なことに、日本は19世紀の植民地主義と帝国主義の上座のテーブルにつくのが遅すぎた。前菜とメインコースを食べそこねただけでなく、デザートとチーズボードもすでになかったため、ナッツと食後のミントで我慢しなければならなかった。イギリス、フランス、ドイツ、ロシア、そしてアメリカさえ、海外ですでにかなりの利益を得ていたのに対し、日本にはほんのわずかな残り物しかなかった。それでも日本は阻止されることなく台湾、朝鮮、そして中国と極東ロシアの一部から宝石のような小帝国を作り、まだ満州、東南アジア、南太平洋、オーストラリアという選択肢があった。

　日本は主要植民地保有国として列強にくわわるには世界の舞台に登場するのが遅すぎたが、重要なプレーヤーとして認められた。第１次世界大戦の時には日本は勝利した同盟国側についたが、第２次世界大戦への準備段階で浅はかにも枢軸国と同盟を結んだ。西でドイツ、イタリア、イギリス、フランスが争うかまえをとっていたとき、東ではアメリカ、イギリス、日本が同じことをしていた。太平洋戦争（1941-45）は血なまぐさく悲惨で、戦争中に原子爆弾が開発されていなかったら、おそらくもっと長い血みどろの戦いになっていただろう。「A-bomb」はじつはイギリス、アメリカ、カナダが立

かなたの航海者

　人類は19世紀末に無線通信を発明して以来、ずっと宇宙に信号を送っているが、地球とすぐ隣の惑星の軌道より向こうに到達した物理的存在といえば、1970年代にアメリカが打ち上げたいくつかの無人探査機がその代表である。執筆している時点でもっとも遠くにある人工物はボイジャー１号で、木星と土星を調査するために1977年に地球を出て、そのおもな任務を終えたあとも何年も働きつづけてきた。プルトニウム238を使った熱電発電機によって電力が供給される２機のボイジャー探査機は、2020年代の半ばまで地球との連絡を維持できるだろう。これらの探査機には、よく知られているように、恒星間空間でETと遭遇した場合にそなえて、人類と地球の位置を説明する黄金のディスクが積みこまれている。

プルトニウム　147

> 天に千の太陽の輝きが同時に発生したとしたら、それはこの偉大なお方の輝きに等しいだろう。われは死なり、世界の破壊者なり。
>
> 物理学者J・R・オッペンハイマー（1904-67）、原子爆弾の開発者のひとり、1945年7月16日の初のプルトニウム爆弾の実験に成功して、ヒンドゥーの経典『バガヴァッド・ギーター』より引用

後悔
アインシュタインとオッペンハイマーは核軍縮を訴えた。

ち上げたマンハッタン計画（1941-46）によって生まれたいくつかの核兵器をさす言葉だった［A-bombという言葉は一般に「原子爆弾」の意味で使われる］。1945年8月6日に広島を破壊した爆弾「リトルボーイ」については「ウラン」の項で説明することにして、ここでは1945年8月9日に長崎に投下されたプルトニウム爆弾「ファットマン」について述べる。

　日本の天候は8月には非常に蒸し暑くなることがあり、雲がかかっていることが多い。B-29爆撃機ボックスカー号の搭乗員たちの第1目標は、九州と本州のあいだにある下関海峡を望む小倉というあまりめだたない城下町だった。だが、視程不足から、ボックスカーは第2目標である長崎、外からの影響に対して伝統的に日本でもっともオープンだった都市へと方向を変えた。現地時間で8時直前、焼夷弾爆撃が迫っている

重量級
1945年8月9日に長崎に投下された「ファットマン」。

148　世界史を変えた50の鉱物

ことを警告する空襲警報のサイレンが鳴り響いたが、半時間後に空襲警報解除の合図が出され、このときは焼夷弾が空からこの町の木と紙でできた家々に降りそそぐことはなかった。10時53分、2機のB-29が町のはるか上空に認められたが、偵察機だとして無視された。長崎には文字どおり8分しか残っていなかった。11時1分、雲が切れて爆撃手は投下域を見ることができるようになり、人が居住する目標に落とされた史上初かつ唯一のプルトニウム爆弾を投下した。

映画『マルタの鷹』でシドニー・グリーンストリートが演じた人物、すなわちイギリス首相ウィンストン・チャーチルにちなんで命名されたといわれる丸い「ファットマン」は、爆弾の中に従来型の爆薬とともに6.4キロのプルトニウム239のコアが入っていて、目標から約3キロ離れたところで放出された。そして43秒後、高度469メートルのところで爆発した。爆発の規模はTNT火薬2万1000トンに相当し、全破壊半径は約1.6キロで、推定4万人が死亡した。物理学者のアルベルト・アインシュタイン（1879-1955）とJ・ロバート・オッペンハイマー（1904-67）は、アメリカ政府にドイツより先に原子爆弾を開発するよう勧めていたが、自分たちが生み出した破壊力のすさまじさにすぐに気がつき、この新兵器を禁止するよう働きかけた。彼らが受けとった回答は、いい換えさせてもらえば実質的に、「欲しくなかったのなら包みを開けなかったらよかったのに」というものだった。そして1949年8月にソ連が「最初の稲妻」という暗号名で（疑いを起こさせるくらいアメリカのファットマンに似た）自前のプルトニウム爆弾の実験を実施したとき、英米の一方的な核兵器禁止の希望はついえたのである。

死の雲
核爆発によって生じた特徴的な「キノコ」雲。

女性も子どもも無差別に殺す原子爆弾の使用にはむかむかする。
ハーバート・フーヴァー大統領（1874-1964）

プルトニウム 149

軽石
Pumiceus

分類：火成岩
起源：火山活動
化学式：主成分はSiO_2とAl_2O_3で、H_2OとCO_2が閉じこめられている

◆ 産　業
◆ 文　化
◆ 通　商
◆ 科　学

　今では風呂の水に浮かぶ磨き石というちょっとかわった石として知られる軽石は、古代には軽量の建材として用いられ、たとえばローマのパンテオンの建築で使われた。パンテオンは現在でもまだ立っているローマ帝国の歴史的建造物のひとつで、世界中で模倣されてきた。

神々の家

　帝政ローマの栄光の時代に戻ってみたいと思う人は、21世紀のイタリアの首都にあるパンテオンを訪れるべきである。後世の建築物で雑然とした町の景観の中に立っているこの建物は、2000年の使用と汚染でかなり汚れているが、もともとの壮大さと建築学的影響力の多くを残している。訪れた人はとりわけ格間〔天井を覆う装飾的なくぼんだパネル〕で覆われた巨大なコンクリートのドームに衝撃を受けるだろう。ドームの中心には約9メートルのオクルスと呼ばれる円形の開口部があり、いまだにこの建物の内部の光は多くがここから取り入れられている。古代におけるこの建物の目的は正確にはわかっていない。ハドリアヌス帝（西暦76–138）によって、同じ名前の建物があった場所に126年に建てられたこのパンテオンには、皇帝やおもなオリュンポスの神々の像があり、このためおそらくここは市民、宗教、あるいは皇帝の儀式のための場所だったのだろう。

　異教時代のローマの宗教はのちのキリスト教のやり方とはかなり違う様式に従っていたが、キリスト教徒はパンテオンをはじめとする多くの異教の建物を引き継ぎ、自分たちの礼拝様式に合わせて改造した。ローマの宗教の中心的な儀式は動物の供犠で、たいていは雄牛だったが、馬、羊、山羊、鶏も捧げられた。それは神殿の外の信者が一部始終を見ることのできる公の祭壇で行なわれ、それから信者は神との交流という社会的行為として生贄の肉を食べた。大きな神殿の建物には神格化された皇帝たちや英雄たち、神々の像があって、貴重な奉納品が宝物庫に蓄えられていたが、教会や聖堂のような日常的に礼拝する公の場所ではなかった。

ローマの驚異
パンテオンの5000トンのドームは古代建築の傑作である。

天国の円蓋
パンテオンのオクルス周辺のコンクリートには軽石の骨材が使用されている。

天国の円蓋

　パンテオンを世界の建築のなかでも独特の建物にしている無上の栄光はそのドームであり、重量は5000トンに少しだけたりない。それは中央に太陽がある天の円蓋を表しているといわれている。これを建てた建築家は、数多くの技術的工夫をこらして約43メートルのドームがおおかた2000年間もちこたえるようにした。その厚さは基部の6.4メートルから中央の丸い開口部周辺の1.2メートルまで変化し、見えない空間がある蜂の巣状の構造になっていて全体の重量を減らし、内部および外部にいくつもある煉瓦でできた隠しアーチによって重量を支えている。そして、骨材を使ってコンクリートの重さを変えてあり、一番上の部分にはもっとも軽い軽石粉が用いられている。パンテオンの建築に使用された材料と手法の知識は西洋では何世紀も前に失われたが、建物自体は暗黒時代の数々の災害と略奪を切りぬけ、のちの世紀の新たな世代の建築家や技術者、芸術家を触発した。

漂う島

◆

　2006年にトンガ諸島を航海していたヨットの乗組員が、新しい火山島が海底から上昇してくるのを見て、驚きのあまり「石の海」すなわち海面に浮かぶ厚い軽石の層に突っこみ、エンジンが動かなくなってしまった。水中での火山爆発によって生まれた軽石の「いかだ」は幅30キロという大きなものもあり、海洋動物のすみかになり、陸上の動物にとっても南太平洋地域を島づたいに移動する手段になった。

　ハドリアヌスのパンテオンは、時代をとわず素晴らしい建築物である。独創的でじつに大胆、連想と意味が多層をなし（…）それは帝政ローマの世界よりさらに広い世界について語り、ほかのどの建物と比べても多くの建築物にその特徴を残している。
W・L・マクドナルド『パンテオン（Pantheon）』（2002）

軽石　151

石英
Quartzeus

分類：珪酸塩鉱物
起源：花崗岩および火成岩
化学式：SiO_2

◆ 産　業
◆ 文　化
◆ 通　商
◆ 科　学

硬いが比較的ふつうに存在する石英と珪岩は、初期のヒト科の動物がアフリカで道具を作りはじめたときに最初に使用した鉱物である。しかし、現代の20世紀になると、この鉱物は計時の世界に第2次技術革新をもたらし、100年前から続いていたスイスの独占を終わらせた。

石の夜明け

オルドワン型石器群（260-170万年前、東アフリカのタンザニアにある人類発祥の地といわれるオルドヴァイ峡谷にちなんで命名された）は、アウストラロピテクス属かホモ属の初期の種かは別として、私たちの祖先にあたる初期のヒト科による道具製作の最古の証拠だと考えられている。石自体には手をくわえて仕上げた跡がほとんどみられず、なかには意図的に形作られたものではなく、落石によって自然にできたものだと主張する考古学者もいる。しかし、注意深い分析と実証試験により、硬い石英や珪岩などの岩石の破片はたたき石と打ちあわせることによって鋭い縁を作ることができ、食物を得たり、木を切り倒して枝をはらったり、動物の皮を処理して衣類やテントや入れ物を作ったりするのに役立つスクレーパーや錐や斧に意図的に成形されたことが立証された。行動の現代化が達成された証拠とはとてもいえないが、オルドワン型石器はヒト科の動物が環境を服従させはじめたことのしるしである。

多形
石英には半貴石の結晶鉱物をはじめとして多くの異なる形態のものがある。

オルドワン型石器は、川床や川原で見つけることのできる硬い丸石から作られた。玄武岩、黒曜石、石英、フリント、チャートなど、鋭い刃を作れる十分に硬い材料ならなんでも使われた。丸石の端をたたき石でくりかえしたたいて破片を取り去り、鋭い刃を作った。
アンドレイ・ヴィシェドスキー『人間の心の起源（Origin of the Human Mind）』（2008）

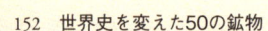

酩酊防止
紫水晶の杯で飲むと酩酊しない
と信じられていた。

紫水晶の物語

◆

ギリシア神話によれば、半貴石の石英鉱物である紫水晶(アメシスト)は、酒の神ディオニュソスがある人間に侮辱されて激怒した結果、生まれたという。この怒りっぽい神はすべての人間に対して復讐すると誓い、トラを出現させて次に出会った不運な人間をばらばらに引き裂くよう命じた。しかし、森の小道を跳ねながらやってきたのは無垢な若い娘アメシストで、女神アルテミスに供物を捧げに近くの神殿へ行く途中だった。娘がばらばらに引き裂かれないようにするため、アルテミスはこの自分の崇拝者を輝く石英でできた像に変えた。後悔したディオニュソスが姿を変えられた乙女の上におびただしい量の涙を落とすと、透明な水晶が濃い紫色に変わったという。この空想物語から古代ギリシア人は紫水晶が酩酊を防ぐと信じ、この石から酒杯を作った。

夜明けのカッコウ時計

　時計の針を260万年進めて、数千キロ北へ移動し、昔からの産業に石英がまさに驚天動地の大変革の引き金をひこうとしている時と場所へ行ってみよう。スイス人の几帳面で清潔だという評判、高級チョコレート、すべての男性国民がフランスかドイツが侵略する気になった場合にそなえてガレージに自動小銃を置いておく権利をもっていることにくわえ、20世紀の大部分、スイスが腕時計の技術の分野で世界の市場を独占したことも、地理と歴史の奇妙な偶然で起こったことである。しかし1969年、カッコウが時計から飛び出して、突然、混乱状態になった。日本人が電池式の8192ヘルツで共振する水晶振動子を使った初のクォーツ式腕時計、セイコー35SQアストロンを発売し、機械式のぜんまい仕掛けをやめて、頑丈で安価なだけでなく、さらに悪いことにはずっと正確なものに替えたのである。

　何年もたたないうちに、スイスの時計メーカーは絶望して優美な透かし彫りの入ったシャレー風の窓から身を投げようかというほどの苦境におちいった。しかし1983年、スイスのメーカーも独自のクォーツ腕時計スウォッチを考案し、それによって世界一人気があって几帳面な時計メーカーとしての誇りを維持し、市場シェアのかなりの部分を回復することができた。

石英　153

ラジウム
Radius

分類：アルカリ土類金属
起源：ウラン鉱石
化学式：Ra

◆ 産　業
◆ 文　化
◆ 通　商
◆ 科　学

燐光性
ラジウムは闇のなかで青緑色の光を放つ。

　放射能の発見はX線、癌治療のための放射線療法、原子力発電といった有用なものを与えてくれたが、核テロ、核兵器、原子力事故という負の面ももたらした。放射性ラジウムの発見は、20世紀初頭の一群の研究者にとってはそのために死んでもいいくらいの千載一遇のチャンスだった。

死の放射線

　ノーベル賞をふたつ受賞したマリー・キュリー（1867-1934）は1898年に新しい元素を発見したが、はじめて放射能の研究をした人物ではない。しかし、「放射線」を意味するラテン語の*radius*にちなんでその物質につけた名称radium（ラジウム）は、この元素が示す現象を表わす用語の語根となった。この発見の実用的な用途は、当時の一流の学者たちにさえすぐには理解されなかった。1933年の段階では、原子の構造を解明したイギリスの物理学者アーネスト・ラザフォード（1871-1937）も「原子の崩壊によって生まれるエネルギーはごく貧弱なものでしかない。原子変換にエネルギー源を期待するなど馬鹿げた考えだ」と述べ、1年前のアルベルト・アインシュタイン（1879-1955）の「核エネルギーが得られることを示す兆候は少しもない。原子を意のままに破壊する必要があるのだから」という発言を追認することができたのである。
　「プルトニウム」と「ウラン」のふたつの項に書いたように、20年たたないうちに原子炉と初の核兵器が開発されて、彼らが完全に間違っていたことが証明された。放射能の発見は何人もの科学者による研究の積み重ねの成果であるが、中心的な人物は、今ではX線と呼ばれているレントゲン線を発見したドイツのヴィルヘルム・レントゲン（1845-1923）、ウランについて研究したフランス人のアントワーヌ・ベクレル（1852-1908）、ラジウムともうひとつの放射性同位元素ポロニウムを分離して命名したポーランド系フランス人のマリー・キュリーである。
　ラジウムはきわめて希少で、地球上で自然金属として存在することはなく、ウラン鉱石の構成物質として存在する。キュリーは光沢のある白い金属のかたちで純粋な

ラジウムを分離し、それは空気と接触するとすぐに酸化されたが、暗闇のなかで魅力的な青緑色の燐光を発すると報告している。放射能の危険性はまだ知られておらず、キュリーは少量を手で扱い、効果を見るために自分の皮膚の上に置くことさえした（曝露から何日もたたないうちに潰瘍が生じた）。キュリーは机にラジウムの塊を入れ、今日にいたるまで、彼女の私的な書類がまだわずかに放射能をおびているため鉛で裏打ちした箱に入れて保管されている。夫で第一の共同研究者であるピエールは、よく知られているように馬車による交通事故で死亡したが、キュリー夫人自身は放射性元素を扱ったことが原因の再生不良性貧血で死亡した。キュリー夫人の物語にはちょっと変わった続編があって、彼女が発見したふたつ目の放射性元素ポロニウムは、2006年にロンドンでロシアの反体制派の人物が殺害された事件で使用された。

栄誉
ベクレル、彼の名にちなんで放射能の単位が命名された。

夫妻
キュリー夫妻のラジウムにかんする研究が放射能の発見につながった。

ラジウム 155

殺し屋は笑う

　第1次および第2次産業革命の大きな技術的進歩は、大多数の人々の生活水準、医療、平均寿命を向上させたという点で、人類に多くの恩恵をもたらした。しかし、多くの未経験かつ未試験の新しい有毒物質に直接さらされた少数の人々にとっては、大きな犠牲を強いるものでもあった。20世紀初頭に起こった労働者の中毒でもっとも有名な事件は、マリー・キュリーの脅威の新元素ラジウムを含む製品にかかわるものだった。

　近頃では、人々は新製品や化学物質、技術の進歩に対してずっと疑い深くなり、ちょっと敏感すぎるくらいになって、悪徳企業に雇われた無責任な科学者が意図的に毒を入れているのではないかと疑うほどになってしまった。しかし、サリドマイド、LSD、ヘロインのような魔法の薬、DDTやCFC類のような「奇跡」の化学物質、そして鉛、水銀、アスベストのような産業毒に付随する化学災害や産業災害がうんざりするほどくりかえされたことを考えると、ちょっと過剰なくらい警戒するのがちょうどいいのかもしれない。ところが100年ほど前には、毎年のようになされていた新発見という肯定的な高潮が、抑えのきかない楽観主義と病気も戦争も貧困もない未来がくるという確信の波で人類を押し流したのである。

　ラジウムはすぐに人々を引きつけた。今日耳にすれば警報のベルが鳴りだすその名前自体、好ましく、健康を増進し、無知や病気や貧困の影を消す陽光の癒しの力を連想させた。1918年から1922年にかけて、ラジウムを含む万能薬ラジトールが「永遠の陽光」そして「生ける死者の治療薬」と銘打って販売された。1932年にラジトールを飲んだことが原因のラジウム中毒である社交界の名士が死亡し、すぐにウォールストリートジャーナル紙に忘れられない見出し「ラジウム水がよく効いて、ついに顎を失う」が躍った。

　しかし、もっとも痛ましい事件はUSラジウム社の若い女性従業員にかんするもので、彼女たちは第1次世界大戦中、アメリカの軍隊のために生産されていた腕時計の文字盤に「アンダーク」というブランドの燐光性塗料を塗っていた。会社の研究スタッフと管理者はアンダークを発光させるラジウムを扱うときには防護服と鉛の遮蔽板を使っていたのだから、ラジウムの危険性をある程度認識していたのは明らかである。しかし女性た

殺すか治すか
ラジウムは多くの特効薬や万能薬に入っていた。

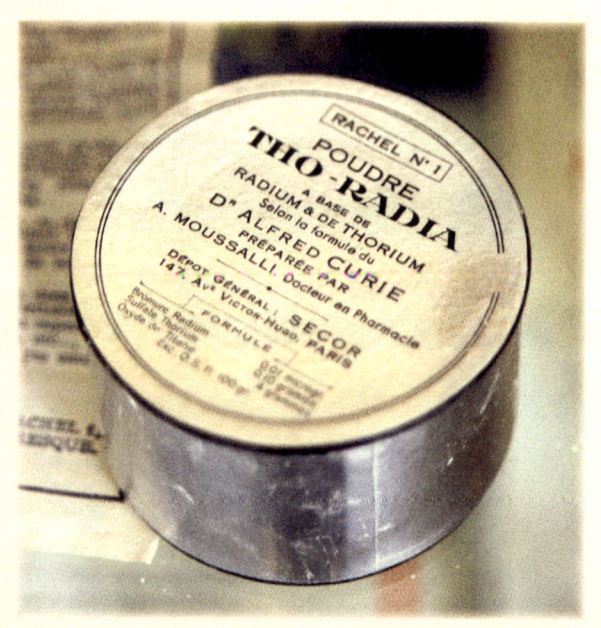

文字盤に塗るのが人気のある仕事だったのは、ひとつにはそのような世間で評判の製品を扱う仕事だったからに違いない。若い女性たちはラジウムを自分のボタンや爪やまぶたに塗った。すくなくともひとり、友人から「陽気なイタリア娘」と言われた女性は、暗闇のなかで笑みが輝くように、デートの前に歯に塗った。

クローディア・クラーク『ラジウム・ガールズ（Radium Girls）』（1997）

ちには、そのような防護手段もその塗料を扱う際に生じうる危険性についての警告も与えられなかった。時計の文字盤の小さな数字を塗るのに使っていた細い筆はすぐに先が太くなり、従業員たちは穂先を唇や舌で整える方法を教えられ、このため働いているあいだに大量の有毒な塗料を摂取してしまった。自分たちが危険にさらされているとは知らない女性たちは、その塗料をアイメイクやマニキュア液として使い、デートのためにアンダークを歯に塗った者さえいた。

「燐顎」（138ページ）をわずらった労働者と同じように、女性たちは塗料にさらされたことによる放射線障害を知らせる症状、とくに「ラジウム顎」と呼ばれる顔の壊死を呈しはじめた。顔が醜くそこなわれ、ひどい苦しみのなかで何百人もの従業員が死亡し、それからようやく会社は訴えられてアメリカの労働安全法史において時代を画する出来事となる訴訟で有罪になった。ラジトールとアンダークの被害者は、ラジウムと放射能の発見以来数多く発生した被害者の最初の例にすぎない。そして1945年に、核分裂の兵器化によってはるかに悪いことが起こる。

死の塗料
ラジウム塗料は腕時計や置時計の文字盤に手作業で塗られた。

核の夜明け
◆

ラジウム製品にくわえ、原子と名がつくものならなんでも熱狂の的だったが、核関連の事故やキューバのミサイル危機（1962）などの事件で、人類は突然、放射能をもてあそんでいたらどんなに危険なことになるか気づいた。しかし1960年代初めまで、発明家や企業や科学者たちは、すぐそこまで来ている新たな輝かしい核の未来について、電気掃除機からガレージにあるフォード「ニュークレオン」ファミリー・サルーンまで、あらゆるものが新しい奇跡のエネルギー源によって動力を供給されるのだと、有頂天になって語っていたのである。

ラジウム　157

砂
Sabulum

分類：岩石および鉱物の粒子
起源：岩石の浸食
化学式：SiO_2

◆ 産　業
◆ 文　化
◆ 通　商
◆ 科　学

あたりまえ
砂はおそらく史上もっとも見すごされてきた鉱物だろう。

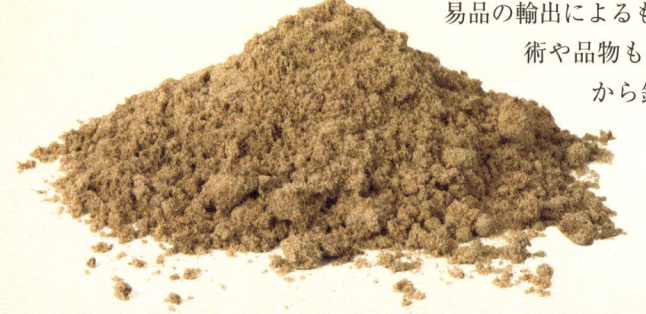

砂には固有の価値はなく、その性質のせいでそのままの状態では建築材料として役に立たないが、おそらく本書で扱う鉱物のなかでもフリント、鉄、石炭とならんで人類文明の基礎をなすきわめて重要な鉱物だろう。砂は金属の鋳造において耐火物質として使われるうえ、石英砂はガラスの主要材料で、ガラスは家や職場を乾いて暖かく、明るく保つだけでなく、宇宙や人体についての科学研究を可能にした物質である。16世紀以降の西ヨーロッパの世界支配を説明する仮説のひとつに、東アジア、とくに中国にガラスとその関連技術がなかったことをあげる説がある。

大いなる分岐

人類の文明がたどった道については、いくつもの興味深い疑問が提起されている。なぜ第1次産業革命はブリテン諸島で始まったのか？　なぜ数百人のスペイン人探検家が世界最大級のきわめて人口の多いふたつの帝国を数年で征服することに成功したのか？　本書では、いくつかの鉱物とその関連技術を見ていくことで、答を得ようとしてきた。どちらかというとつまらない平凡な鉱物である砂にかんする本項でも、同じような疑問を提起する。なぜ中国は、膨大な富、人的資源、天然資源を有し、早くから科学や技術が進歩し、秩序ある均質で識字能力のある社会でありながら、16世紀以降、それ以前の2000年間していたように世界を支配しつづけなかったのか？

西ヨーロッパは中国文明の影響を直接受けるには遠すぎたが、古代から近代初期まで、中国はヨーロッパ、近東、インドの発展に非常に大きな間接的影響をおよぼした。それは、よく知られているように紙、印刷、火薬、羅針盤といった技術革新と、茶、絹、磁器製品のような交易品の輸出によるものだった。もちろん逆方向に伝わった技術や品物も少しはあり、中国は中央アジアの鍛冶師から鉄の加工法を学んだのだが、この新技術を手に入れるとすぐに改良を続け、西ヨーロッパよりずっと早く鋳鉄や鋼を作った。

ではなぜ、私たちは英語ではなく中国

風雨に耐える
ガラスは学者たちを自然の力から守った。

語を話さないのか？　そしてなぜ、ラテン語のアルファベットでなく漢字で書かないのか？　ハーヴァードの歴史学者ジョン・フェアバンク（1907-91）は同世代の中国研究者のなかでもっとも影響力のある人物だが、エドワード・ギボンがローマ帝国にかんして述べたように、宗教が「大いなる分岐」の第一の要因だったのではないかと述べている。大いなる分岐（グレート・ダイヴァージェンス）はサミュエル・ハンティントン（1927-2008）が作り出した言葉で、16世紀に西ヨーロッパが優位を奪ったことをさしている。なお、中国の場合、宗教といってもキリスト教ではなく道教である。

2002年に歴史学者のアラン・マクファーレンとゲリー・マーティンは、中国にガラスの技術がなかったことに注目した『ガラス──ある世界史（Glass: A World History）』のなかで、ずっと面白い仮説を提示した。中国人は優雅な家や宮殿の中で、紙の扉や窓の背後に隠れて、半永久的な暗がりのなかで暮らしていた。錬金術の実験は不透明な陶器の器のなかで行ない、それはしばしば内容物と反応した。そして、レンズや鏡を作って天空や微小世界を調べることはなかった。きわめて早い時期に多くの分野で非常に高い水準まで達し、成功や優位を得ていたことが、かえってさらなる発展を抑制してしまったのである。

開化
西洋科学はガラスレンズのついた器具を基礎に進歩した。

砂　159

世界を見る窓
ガラスは西洋の科学者や学者にまったく異なる世界を見せた。

1500年代以降も中国人はすでにもっていたものの改良を続け、陶磁器、漆、金属加工、絹を西洋ができるいかなるものも越えるまでに洗練したが、科学と技術の鍵となる領域での革新的進歩はなかった。彼らは外のことを考えず、いわば美しく漆が塗られた箱だった［英語のlacquerには、「漆を塗る」という意味のほかに「うわべだけよく見せる」という意味もある］。政治、社会、芸術、宗教、そして16世紀以降は技術や科学の面でも、中国人は自分たちの世界観、能力、芸術や建築、消費財に満足しきっていたのである。機械式の時計、蒸気機関車や蒸気船、改良された火薬兵器、機械織りの綿布といった工業化時代の驚異を見せられたときでさえ、中国人は大人が子どものわけのわからない絵を見たときのような礼儀正しい関心を示しただけで、伝統的なやり方を続けた。だがそのうち、ヨーロッパ人、アメリカ人、日本人が、やり方を変えるように強硬に要求した。いったん困難に直面すると、中国は政治、社会、思想的に長い衰退期におちいり、独立と世界における指導的立場をとりもどせるようになるまで、3世紀ものあいだ外国との戦争や内戦に耐えなければならなかった。

世界に光をあてる

もちろん中国はガラスの技術をまったく知らなかったわけではなく、古代にビーズや円盤状の璧のような小物について独自のガラス製造法を開発していた。また、紀元後の最初の数世紀に、西洋からガラス製品を輸入した。だが、ある段階を過ぎると、とくに工業化以前のガラスの実用的機能の大部分を陶磁器によって満たすことができるようになり、ガラスの技術を開発する必要性をまったく感じなかったのである。

科学の歴史は自然界の観察と記述から始まり、この観察と記述の解釈が物質、エネルギー、光の成り立ちや人体の仕組みについての理論の定式化につながる。科学の理論は固定した定説として確立されることもあるし、新たな理論や実験によってたえず試され、改良され、すてられることもある。中国人は、陰と陽というふたつの相反する原則の枠内で、五行（木、

ガラス工芸
古代ローマで作られたガラスの水差し。

160　世界史を変えた50の鉱物

火、土、金属、水）の5つの元素の相互作用にもとづく洗練された世界観を発達させ、これをあらゆる領域の知識や人間活動に適用した。たとえば人体の構造についてどう理解しているかといえば、（西洋では気という単一の概念に単純化されているが）体を循環するかすかなエネルギーと陰陽のバランスにかんする複雑な理論を打ち立て、診断手法、栄養の法則、薬理学、体操、治療法はこれにもとづいている。

一粒の砂にも世界を
一輪の野の花にも天国を見、
君の掌のうちに無限を
一時(ひととき)のうちに永遠を握る。

ウィリアム・ブレイク（1757-1827）「無垢の予兆」
[『対訳 ブレイク詩集』松島正一訳、岩波書店]

漢王朝（前206-後220）の時代に書かれた『黄帝内経』にはじめて詳しく記述された気は、何か物理的手段で観察できる物質ではない。どんなに強力な顕微鏡を使っても、気、あるいは気がそれを通って人体を流れるといわれる経路（経絡）は見えないだろう。しかし、患者を治療する伝統的な中国の治療師にとってそれは問題ではなく、1000年も前からある経験にもとづく治療法の集大成を頼みにすることができる。16世紀末に顕微鏡によって微小な世界の存在が明らかになり、19世紀の病気の細菌説につながるのだが、この発見によって何世紀も続いた中国のやり方がくつがえされることはなく、西洋の科学的医学と併用するかたちで診断と治療が続けられている。

ガラスを通して

昔はガラスは、たいていの浜辺にある黄色い石英砂に代表されるシリカ（SiO_2）と、ソーダやカリのようなアルカリから作られた。両者を一緒に加熱すると融けて液状になり、冷えると透明なガラスになる。ロー

魔法の粒
ありふれた砂──ガラスを作るのに必要な基本材料。

マの歴史学者プリニウス（西暦23-79）によれば、フェニキア人が浜辺でバーベキューをしていて偶然にガラスの作り方を知ったのが最初だという。しかし、ガラスは世界のさまざまな地域でそれぞれ独立して何度も発明されたようである。もっとも可能性の高い説明は、ガラスがはじめて作られたのは青銅器時代（5300-3200年前）で、金属加工の副産物として偶然にできたというものである。古代メソポタミア人、エジプト人、ギリシア人はみなガラス技術の発展に貢献したが、瓶やコップを作るガラス吹きの技術を開発して広めたのはローマ人である。ガラス製造の手法は5世紀に西ヨーロッパでローマ帝国が崩壊しても失われなかったが、ガラス技術は多様化し、北アフリカや近東の東の伝統と、イタリアやドイツの西の伝統がある。

　ガラスは何世紀にもわたって科学や学問に多くの貢献をしてきた。中世には、板ガラスが改良されたことで、手ごろな価格で窓にガラスをはめられるようになった。それ以前の建物の採光のための窓にはガラスがはまっておらず、冷気、風、雨、雪も入って、書記や写本作成者の快適さも労働時間も制限された。だが、窓ガラスよりもっと重要なのがガラスの眼鏡の開発で、イタリアで13世紀末にはじめて登場し、たちまちヨーロッパ中に広まった。そのときから学者の職業寿命は目に制限されなくなり、20年も延びた。また、ガラスのレンズ、鏡、プリズムが開発されたことで光についての理解が進み、それが物質のさまざまな秘密の鍵を開いた。さらに、望遠鏡や顕微鏡のような光学装置（次ページのコラム参照）ができたことで、航海士、医者、科学者は自然界や人体を解体し再構成できるようになった。そして、錬金術師やのちには化学者が、反応しないガラスでできた低温、高温、アルカリ、酸に耐えるビーカーや蒸留器や試験管を使って実験を行ない、土、火、空気、水という古典的な4元素を越えた、物質を構成する化学元素を特定し、新たな化合物を自由に合成することができるようになったのである。

　ガラスという目に見えない媒体によって、西洋の科学はついに宗教の教義と錬金術の魔法から自由になったといっても過言ではないだろう。だが、マクファーレンとマーティンが16世紀から20世紀までの西洋の圧倒的優位をガラスのような単純なものの発明で説明したのは、ちょっとやりすぎかもしれない。ライバルの歴史学者たちは単純化

お熱いのがお好き
ガラスの技術は近東の暖かい気候では発達が遅れた。

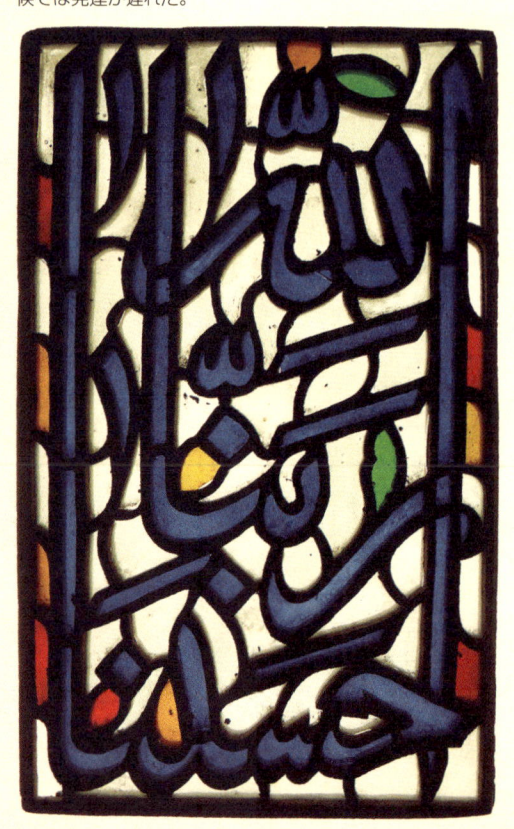

ガラス温室
1851年の万国産業製作品大博覧会が水晶宮と呼ばれる巨大なガラスの建物で開催されたのは偶然ではない。

しすぎだと非難し、たとえば中国の文化には異質なものが混在していて内部の競争と変化の必要性が抑制されたことや、16世紀にヨーロッパが獲得した新世界の膨大な資源に言及している。しかし、ガラスのことをたんに窓や眼鏡、実験室の道具、光学装置の材料としてではなく、精神の状態、つまり物事を見通したり見抜いたりする能力、要するに知的啓発に心を開く力だと考えれば、ガラスは西洋に東洋にまさる圧倒的な強みをもたらす重要な要素だったというマクファーレンとマーティンの主張にも賛成できる。

さま変わりした世界

◆

今日、肉眼で見ることができる世界は全体の一部にすぎず、ずっと大きな（マクロの）世界とずっと小さな（ミクロの）世界の両方が存在し、人間の感覚は直接感知するようにできていないが、光学装置の助けを借りれば見ることができるというのは、あたりまえのこととして受けとめられている。天然ガラスや宝石を磨いて作ったレンズは古代から知られていたし、13世紀にはヨーロッパで眼鏡がはじめて作られたが、ガラスのレンズと鏡が科学機器の製作に使用されるようになったのは16〜17世紀にすぎない。このとき作られた望遠鏡と顕微鏡が、世界についての理解を一変させた。ガリレオ・ガリレイ（1564-1642）は望遠鏡を完成させ、彼の天文学上の発見が一因となって科学革命が始まり、何世紀も受け入れられていた常識とキリスト教の教義をくつがえした。これに対しミクロの側では、アントニー・ファン・レーウェンフック（1632-1723）が顕微鏡の使用を普及させ、拡大した昆虫や植物、そして人間や動物の組織のスケッチで当時の人々を驚かせた。

砂

硝石
Sal petrae

分類：無機塩
起源：木灰
化学式：KNO₃

◆ 産　業
◆ 文　化
◆ 通　商
◆ 科　学

硝石（硝酸カリウム）は木灰から抽出された人工的な化学物質である。肥料や食品保存料として利用されてきたが、「黒色火薬」の組成としての利用が歴史的に重要な用途である。黒色火薬は中国人の発明で、花火の壮観な眺めだけでなく、銃砲火薬や火薬兵器の破壊力を世界にもたらした。

チャイナ・シンドローム

　前の「砂」の項で、なぜ16世紀に中国が世界における支配的な地位を失い、西洋に遅れをとるようになったのか、ひとつの考えられる答えを示した。共和制から帝政初期のローマと同時代にあたる漢王朝（前206–後220）から、ヨーロッパのルネサンス期にあたる明王朝（1368–1644）の最初の1世紀まで、中国は多くの技術分野、そして美術や応用美術の領域においてならぶもののない世界のリーダーでありつづけた。歴史学者たちは、技術の発達や利用可能な天然資源の違いを根拠とする説にくわえ、中国は第一にそれ自身の成功の犠牲者なのではないかという説を唱えている。中国が統一されて帝国になると秩序ある中央集権国家になり、近隣の国々や地域のライバル国すべてに対して絶対的優位を誇り、何世紀ものあいだ国内の安定を脅かすほど強力な外部勢力が存在しなかった。

　たしかにローマ人と同様、中国人も自分たちのあいだで戦う能力は十分にもっていて、ときおり戦ったが、個々の王朝の興亡が中国文明の根本的な安定性をそこなうことはなかった。これに対し西洋の歴史は一連の壊滅的な社会の崩壊を特徴としている。まず、地中海で青銅器時代の崩壊（前1200頃–1150）があり、その後も西暦476年の西ローマ帝国の滅亡、7世紀のイスラム勢力によるペルシア帝国とビザンティン帝国南部地域の征服、1453年のコンスタンティノープルのオスマン帝国に対する敗北と続き、既存の社会秩序は壊され、完全に新しいものにとって代わられた。西洋のたどってきた道が、筏で白く泡立つ急流をときどき滝を越えながら下るのにたとえられるとするなら、中国の歴史は、国家という大船がときどき嵐につっこんだり砂州に乗り上げたりしながら広くゆるやかな川を巡航するのに似ているだろう。

　長く優勢を誇った時期に、中国は世界に「四大発明」を伝え、

死の霊薬
硝石は最初は不老不死の霊薬を作るために使われた。

そのうち紙と印刷術と羅針盤の3つは「大」という形容詞にふさわしく、それが人類にもたらした恩恵はひき起こした問題をはるかにしのぐものだった。しかし4つ目の火薬にかんしては、19世紀の高性能爆薬と20世紀の核兵器の発明まで、ほかのどんな物質と比べても火薬の発明が人間の命、文化、可能性に対して殺人的かつ破壊的だったことを否定する人はまずいないだろう。

　おもに卑金属を金に変えることに関心をもつ西洋の錬金術とは対照的に、中国の錬金術は不死の追求にとりつかれていた［中国の場合、不老不死の薬「仙丹」を作って服用し仙人となることが主目的で、「煉丹術」と呼ばれる］。中国人は早くから、大きな富と力を蓄えることが人のこの世での一生の目的としては穏当なところだが、本当に重要なのはそれを永久にもちつづける方法を見つけることだという認識をもっていた。

　エジプト人は、ミイラにすることで肉体の物理的外見を維持すれば、死者の霊魂は死後の世界で永久に生きると信じていた。そしてキリスト教徒、ユダヤ教徒、イスラム教徒は、魂の不死を望む一方で、肉体は腐るにまかせた。しかし、中国の皇帝はすべてを欲しがった。絶対的な権力、信じられないような富、そして時に耐える不滅の物質への肉体の変成。不老不死の霊薬を探すため、中国人はさまざまな元素や化合物を用いて実験した。その過程で、炭のかたちでの炭素、硫黄、硝石という火薬の3つの成分を混合し、爆発という結果を得た。命を延ばす手段を見つけるかわりに、かなりの数の人間の命を短くすることになる物質を作り出すことに成功したのである。

西進
火薬はインド、それから近東とヨーロッパに伝わった。

足を狙え
中国の火薬を使った原始的な地雷あるいは発射体。

硝石　165

中国の秘密兵器

技術的優位と、帝国の攻撃されやすい北の国境を中央アジアの略奪者から守るために建設された万里の長城があるにもかかわらず、中国は紀元後の1千年紀のあいだくりかえされた北と西からの蛮族の侵略の餌食になり、ついにはモンゴル人が征服して元王朝を建て、1271年から1368年までこの国を支配した。

最初は火薬の秘密が、定住農耕民の中国人を近隣の遊牧民の侵入の脅威から守ってくれた。中国の錬金術師は、おそらく9世紀に寿命を延ばす実験をしていて家を焼いてしまい、その混合物を発見したのだろう。「黒色火薬」として知られる最初のものは炭と硫黄を高い割合で含み、硝石はかなり少なかったため、激しく燃えたが爆発しなかった。この粉は焼夷弾に適し、天然の樹脂や油、植物質と混合して、騎馬で攻撃してくる者に対し、城壁の背後の安全なところから投石機で発射することができた。

火力
火薬兵器の導入によって戦争は一変した。

ビザンティン軍がアスファルトと石油の焼夷性を利用して、機動力のあるアラブや中央アジアからの侵入者から都市を守ったのと同じように、中国人は黒色火薬を利用したさまざまな兵器を開発し、たとえば弓で1本ずつ発射できる火矢、さらには初の多連装「ミサイル・ランチャー」から発射できる火矢のほか、地雷や機雷もはじめて作った。10世紀後半には、中国の技術者は「火槍」を発明し、これはのちのあらゆる火薬兵器と小火器の遠い祖先にあたる。この世界初の「銃」は紙の火炎放射器を槍にしばりつけたもので、約3.6メートルまでとどいた。金属の鋳造技術の知識をもつ中国人は、まもなく紙の包みに代えて鋳鉄の筒を使うようになり、これなら金属、陶器、あるいは有毒な砒素の弾丸をつめることができ、槍に点火して放出した。

[火薬の]重要な材料である硝石を分離したのは、皮肉なことに、肉体の不死をもたらす薬を探していた中国の錬金術師だった。800年代中頃から宋時代の処方、そしてずっと古い錬金術の処方にも登場する。厳密な意味での銃砲火薬が中国にはじめて登場したのは1044年で、その後3世紀かけて西へ伝わったらしいが、そのルートはまだわかっていない。
ジェイムズ・パーティントン『ギリシアの火と火薬の歴史（A History of Greek Fire and Gunpowder）』（1960）

黒色火薬の混合比を変え硝石を増やすことによって、鋳鉄の火薬兵器は発射体をずっと遠くまで飛ばせるようになった。12世紀には、中国人は本物の大砲を最初は青銅で、のちには鋳鉄で製造していた。これら初期の大砲は底の厚い壺のような形をしていて、砲口から装填し、砲弾と火薬を厚い金属製の筒にしっかりつめこみ、この兵器の後ろ側には小さな点火孔があった。中国人は1285年頃に携帯できるものを作った。しかし、この世界初の「拳銃」はハンドバッグやグローブボックスに入れられるようなものではなかった。長さが約30センチ、重さが約3.6キロもあったのである。

　火薬革命には大きな意味があったが、それによって定住生活をする文明的な中国人が敵に対して永久的な優位を保ったわけではない。ローマ帝国の国境地域に住んでいた蛮族と同じように、中央アジアの遊牧民はしだいに中国人から、残念ながら平和的な洗練された芸術ではなく、火薬の技術の秘密を学んだ。

　13世紀にモンゴル人は中国の抵抗を打ち破り、東は中国から西はビザンティン帝国の国境地帯まで、ユーラシアの大半を占める蛮族の国を建てた。モンゴル軍は西へ押し出し、交戦した国々をすべて破ってついにはヨーロッパに達したが、ビザンティン軍が彼らの前進を止めることに成功した。国境のない広大なモンゴル帝国は技術の東から西への伝播を

新規まきなおし
◆

　硝石のごく初期の用途は、新年のお祝いに中国の夜を照らすカラフルな花火の成分としての利用であった。中国人は年の変わり目を、さまざまな行事や踊り、厄をはらい幸運をもたらす儀式で迎える。爆竹や花火が発する大きな音は、とくに赤い色と一緒になったとき、邪悪な霊をおどして追いはらうと信じられているため、今日では世界中の中国人コミュニティで毎年春節のお祝いで使われている。

夜空の爆発
花火は唯一平和的な火薬の使い道である。

促進し、14〜15世紀についに火薬兵器が近東とヨーロッパに伝わった。

ワイルド・ワイルド・ウエスト

　15世紀のヨーロッパ西部は約500の国のパッチワークであり、神聖帝国、王国、公国、公爵領、宗教国家、自治都市がみな終わりのない小競りあいをくりかえしていた。そこに世界を征服しようとしている超大国の勢力が向かってきたら、結果はひとつしかなかったはずだ。西洋の消滅である。だが、モンゴルの軍勢は中国、インド北部、イスラム世界を征服したのち、地中海世界に達すると停止した。中国の火薬技術も含め、モンゴルのどんな兵器にも対抗できるコンスタンティノープルの巨大な城壁のおかげで、西洋はモンゴルの侵攻を切りぬけたのである。

　ヨーロッパ人はモンゴル人やイスラム世界との接触によって火薬兵器を手に入れると、すぐに中国のオリジナルに改良をくわえた。ドイツ人は15世紀の最後の四半世紀に先込火縄式マスケット銃を開発した。12世紀から20世紀にかけてヨーロッパ諸国は暇さえあれば戦争をしていたため、軍事技術を改良する動機はつねにあり、鋼輪式引き金のマスケット銃やより信頼性の高い火打ち式の銃が開発され、すぐにほかの飛び道具は使われなくなった。火薬技術は戦場での戦闘や海戦を変えただけでなく、包囲戦も一変させた。古代から15世紀まで、都市の城壁は包囲軍が投げてくるほとんど何にでも耐えることができた。コンスタンティノープルが存続できたのは古代ローマ人が建造した壁と堀の手ごわい二重の防御のおかげだが、オスマン帝国が長射程の巨大な大砲を開発すると、はじめて破られることとなった。

　火薬を鋼と組みあわせることにより、西ヨーロッパは大航海時代にライバルより優位に立つことができた。「金」の項で見たように、そのおかげでヨーロッパの探検家の小さな部隊が、新世界のもっとも進んだ人口の多い帝国を征服できたのである。そして18世紀以降は、ヨーロッパの北のはずれにある人口も資源も少ない小さな島国であるイギリスによる世界支配を助けることになる。

忘れられた戦争

◆

　高校生が19世紀後半のおもな戦争を勉強するとしたら、その後50年間のヨーロッパにおける戦争のやり方を確立したとみなされている普仏戦争（1870-71）のような旧世界の争いか、アメリカの世界の強国としての地位を不動のものにした1898年の米西戦争について教わる。しかし、1879〜84年に南米で、この大陸の太平洋沿岸にあるアタカマ砂漠の鉱物資源の利用権をめぐって、まさに過酷な激しい戦いが続いた。このゲラ・デル・パシフィコ（太平洋戦争）は、一方の側をチリ、対するもう一方をボリビアおよびペルーとする陣営のあいだで戦われた、肥料や高性能爆薬の重要な成分である硝酸ナトリウム、つまり「チリ硝石」をめぐる争いだった。最初はペルーとボリビアの同盟軍が優勢だったが、チリが勝利し、この3カ国のあいだに何十年も解消されない緊張関係が残った。

乾燥
火薬の永遠の問題は、どうやって乾いた状態にしておくかということだった。

鉄砲使い
17世紀には西洋の火器が世界一になった。

塩
Salio

分類：無機塩
起源：海水の蒸発と岩塩鉱床
化学式：NaCl

◆ 産　業
◆ 文　化
◆ 通　商
◆ 科　学

塩は命や文化にとって欠かせない鉱物だが、現代人は初期の文明の発達に塩が果たした役割を忘れて久しい。製塩地域や岩塩鉱山があることが理由でそこに位置することになった道路や港、都市が多数ある。現在では食品製造業者が加工食品に塩を大量に添加しているため、塩が人の健康に悪影響をおよぼしているが、かつては食品の保存に欠かせなかったため、塩は一種の通貨として使われた。20世紀初め、インドの独立を求める戦いで塩が重要な役割を果たした。

会社による征服

　1948年1月30日、多くの人にマハトマ（「偉大なる魂」）、あるいはもっと親しみをこめてバープー（「お父さん」）と呼ばれたモーハンダース・ガンディー（1869生）は、独立したばかりのインド共和国の首都ニューデリーで開かれた祈禱集会で講話をしようとしていたとき、暗殺者の銃弾に倒れた。皮肉なことに、ガンディーを暗殺した男はヒンドゥー教徒の愛国主義者で、犠牲者であるガンディーの熱烈な支持者になっていてもおかしくなかった。この若い暗殺者が不満に思っていたのは、インドの解放が、ガンディーが暴力闘争の信奉者だった場合よりもずっと少ない血（とくにイギリス人の血）で達成されたことにあった。しかし、たとえ独立を達成するためにほとんど死者や破壊がなかったとしても、この亜大陸がインド共和国とパキスタン（当時はパキスタンとバングラデシュからなっていた）に分離されたことで、推定100万人の命が犠牲になった。

命の糧
塩はたんなる調味料ではなく、命や健康に不可欠なものである。

あなたがたは地の塩である。だが、塩に塩気がなくなれば、その塩は何によって塩味が付けられよう。もはや、何の役にも立たず、外に投げ捨てられ、人々に踏みつけられるだけである。
新約聖書『マタイによる福音書』5章13節［『聖書 新共同訳』日本聖書協会］

海塩
古くから塩は海水を蒸発させて生産されている。

　インドが大英帝国に正式に組みこまれたのは1858年のことで、その前に、19世紀にイギリス支配に対して先住民の兵士が起こしたきわめて凄惨な反乱のひとつであるセポイの反乱が1857年に起こった。だがそのときすでに、インド亜大陸へのイギリスの直接的関与が始まってから1世紀がたっていた。インドの植民地の地位からの解放には数十年の政治的直接行動を要し、1930年には、とくに魅力的でも論争の的になるわけでもない商品、食塩にかんする市民の不服従運動があった。

　インドののっとりは、帝国主義と植民地主義の歴史において異例のものだったといえる。インドは政府によって併合されたのでも征服されたのでもなく、女王エリザベス1世（1533-1603）の治世に東洋と交易するために1600年に設立された私的な法人であるイギリス東インド会社によって、数十年かけて少しずつ獲得されたのである。東インド会社は、最初はヨーロッパのライバルとの競争に生き残るのに懸命だった。当時の「貿易戦争」は、強い言葉の公式声明の応酬をともなう険悪な論争や保護主義的な法的規制による報復ではなく、海軍や陸軍の全面的な交戦を意味していた。17世紀のあいだにイギリスはオランダ、ポルトガル、フランスに対してみずからの地位を守ることに成功し、インドに永久的な基地を築き、もっとも有力な外国勢力になるまでは現地のエリート層と同盟を結び、この国の全地方を支配する一方で、ニューデリーでムガルの皇帝が統治しているという幻想を名目上認めた。

　イギリスがはじめてやってきたとき、インドは世界を征服した祖先をまねて中央アジアに帝国を建てたムガル人のティムール（タメルラン、1336-1405）の子孫に支配されていた。ムガル人は1526年にインド北部

海へ下る
◆
　イスラエルとパレスチナ領とヨルダンのあいだに位置する死海は海抜マイナス423メートルで、地球の表面でもっとも低い場所である。「海」と呼ばれるが、この長さ67キロの水域は地中海とも紅海とも切り離された塩湖である。ヨルダン川が注ぐ死海の塩分濃度は33.7％で、密度が1リットルあたり1.4キロあるため、溺れるのが（不可能ではないが）きわめてむずかしい数少ない水域のひとつとなっている。

塩　171

の支配権を確立し、徐々に南へ拡大して、18世紀初めにはこの亜大陸の大部分の領有権を主張した。しかし、イスラム教、シク教、ヒンドゥー教の国々からなる帝国の広さと多様性はムガル人に克服困難な問題をつきつけ、ムガル人は領土の支配に苦労し、しだいに強力になるヨーロッパの探検家にも対処しなければならなかった。探検家たちは自分のために行動することもあれば母国の政府のために行動することもあったが、つねにあらゆるより大きな特権、差別的な貿易協定を要求し、商業的要求を軍事力で押しとおすことも平気でやったのである。

東インド会社は分裂状態のムガルの弱みにうまくつけこんで、国民のあいだの転覆活動をあおり、その一方でヨーロッパのライバル国に対しては軍事作戦を実行して、18世紀のあいだイギリスはこれらの国と何度も戦争した。東インド会社は理論上は独立した企業であるが、大英帝国の政策の道具であると同時に、自身の営利目的に沿うように政策をあやつっていた。このような状況が永久に続くはずがなく、100年も続いたのは驚くべきことかもしれない。それは、アメリカの大企業、たとえばマイクロソフトがその事業目標を達成するためにある大きな国をのっとったようなものである。

中国と同様、インドも古代から地球規模の超大国だったし、西ヨーロッパより何世紀も前に文化や技術を高度に発達させていた。新世界の先住民とは違って、インド人は技術的に遅れてはいなかった。彼らは鉄の冶金術や火薬の技術など多くの分野で世界をリードし、1453年にコンスタンティノープルが陥落して中国との陸上の交易路が閉ざされたため、16～17世紀にはポルトガル、オランダ、フランス、イングランドがアフリカをまわってインドの港まで航海してきたが、軍事力でインドの相手ではなかった。18世紀の初め、まだ非常に大きな力をもっていたものの、ムガル帝国のインドは衰退期に入ろうとしていた。中国の衰退の場合と同じように、歴史学者は経済、思想、宗教、社会に注目したさまざ

> ### 体内の電解質
> ◆
>
> カリウムとマグネシウムのふたつの鉱物に、塩を構成するナトリウムと塩素をくわえた4つの電解質がなければ、私たちの体は機能しない。これらの電解質は、細胞内および細胞間の浸透圧バランスを維持し、体組織が水分過剰にも不足にもおちいらないようにする。また、電解質のバランスによりニューロンすなわち神経細胞は適切にインパルスを発射して体じゅうのあらゆる情報を伝達でき、そのおかげで私たちは考えたり感じたり動いたりできるのである。

穏やかなやり方
政府の塩をボイコットするのは意外な戦術だったが成功した。

まな説を提案して、人口が多く、識字能力が高く、天然資源が豊富なインドがなぜヨーロッパに対するリードを維持できなかったのかを説明しようとした。

インドに対するイギリスの統治はラジと呼ばれるようになり、反対運動が増加し、自治あるいは完全な独立の要求が拡大して第1次世界大戦後にエスカレートしたが、ラジは1948年まで続いた。そして1915年以降、独立運動の重要なリーダーのひとりとなったのが物柔らかなガンディーであり、その全生涯が祖国の独立の実現に捧げられることになる。

非暴力の闘士

若い頃のガンディーに会った人は、彼がなみはずれた政治的経歴を歩むとは予想できなかっただろう。裕福な高いカーストのヒンドゥー教徒の家庭に生まれたガンディーは、インドでしっかりした教育を受けたが、学問の道でひいでることもめだつこともなかった。高校卒業後、ロンドンへ行って法律を学び、法廷弁護士の資格を得た。イギリスでは、同年輩の人々よりとくに抜きん出ていたわけではなかった。インドに帰国したが母国では仕事が見つからなかった。そのため1897年にインドではなく南アフリカで仕事を得た。当時、南アフリカは大英帝国に属し、すでにひどく人種差別的な原理に立脚する国であり、白人と非白人の区別だけでなく、アフリカ先住民、混血の人々、南アジアや東アジアの人々のあいだも差別的な等級があった。ガンディーの政治的な意識は、南アフリカで個人的差別と国家が支援する差別の両方を経験したことで目覚めた。彼は現地のインド人コミュニティを組織して差別的な法律に抵抗し、ヒンドゥー教の教えに触発されて非暴力の抵抗と市民的不服従という彼独自の哲学を徐々に発展させていった。

ガンディーと支持者たちは当局から継続的な迫害と暴力を受け、ガンディー自身何度も逮捕されて刑務所に入れられたが、非暴力の姿勢により南アフリカやイギリスの自由主義的な白人から尊敬や称賛を得た。1915年にガンディーがインドの独立運動のために帰国することにしたときには、南アフリカ政府は喜び安堵したに違いない。

ラジは、ヨーロッパ人の植民地支配の基準からいけば、かなり開化されていると考えられていたかもしれない。現地支配層を残忍に弾圧し先

独占
インドの塩生産は、イギリスのラジが支配する独占事業だった。

塩 173

住民の宗教や文化を抑圧したスペインによるアメリカ大陸の支配や、オランダによる東インド（現在のインドネシア）の支配に比べれば、イギリスの支配は、押しつけがましく差別的であることは否定できないものの、比較的寛容だった。キリスト教への改宗を強制することも、人種差別的な政策も、計画的な大量殺戮もなかったのである。だが、20世紀初頭までイギリス人はアングロ・サクソンの文化的優位性を確信し、「おとった」人種を支配する権利が自分たちにあると信じる一方で、政治的経済的権益をロシアから守った。

帝国の傷口に塩をすりこむ

ガンディーがイギリスの支配に対する最初の大きな政治的抵抗運動を開始することにしたとき、彼が選んだ標的は多くの支持者を驚かせ、当初はイギリス当局から一笑に付された。ガンディーは、政府による食塩の生産と販売の独占を攻撃することにしたのである。きっと塩は、大きな社会運動や革命について議論するときに最初に頭に浮かぶようなものではないだろうが、

> 生まれ、容貌、容姿、弁舌、勇気、学問、品位、徳性、若さに気前のよさ、こういうものが、男たるものの風味をつける塩、胡椒ではないか。
>
> ウィリアム・シェイクスピア『トロイラスとクレシダ』（1602）［『シェイクスピア全集7』所収、三神勲訳、筑摩書房］

誰もが塩はあってあたりまえと思っていて、レストランのテーブルからなくなるまでそれが毎日の生活に欠かせないものだったことに気づきもせず、そのためその支配と供給と課税が政府の重要な関心事なのである。税金というものは大衆に決して歓迎されないが、生活必需品への課税はおそらくもっとも恨まれるものである。フランスで13世紀にはじめて導入された塩税ガベルは、国王に対する多くの反乱の原因になり、1789年に革命家が列挙した数多くの不満のひとつでもあった。

料理で調味料として使う以外に塩化ナトリウムにはさまざまな工業利用の場面があるが、歴史的にはおもな用途は食品の保存料としての利用で、缶詰や冷蔵庫が発明される前はとくに重要だった。19世紀初めまで肉や魚の塩漬けはそうした重要な食料を保存する最良の方法で、今日でも世界中のさまざまな種類の食肉加工で塩が保存料として使用されている。

保存料
冷蔵庫が登場する前は、塩が食品の保存にきわめて大きな役割を果たしていた。

ガンディーは、塩は経済的理由と象徴的理由の両方で理想的な標的だと考えた。社会的地位、カースト、宗教のいかんをとわず、金持ちだろうが貧乏だろうが、あらゆる国民が使う基本的な食料品で、政府から合法的に入手するしかなかった。歳入の点からいえば、塩税はラジの収益の約8％を占めていた。1930年3月、ガンディーはインド北西部のアフマダーバードのアーシュラム（修道場）から、約390キロ離れたダン

われらは勝つ
ガンディーはイギリスによって投獄されるまで塩の行進を率いた。

ディー海岸の村まで行進を始めた。行進の途中でガンディーは海水を沸かしてみずから違法に塩を作り、ほかの者たちに同じことをし、違法な塩を買い、政府が生産したものをボイコットするように言った。この運動はたちまち国内外の関心を呼び、インド国内の何百万人もの人々が抗議運動に参加した。

1960年代のアメリカの市民権運動のときと同じように、当局は残忍かつ圧倒的な力で応ずることしか知らなかった。ガンディーと彼のあとを引き継いだ指導者たちを逮捕して投獄したのである。それでも塩の行進と違法な生産とボイコットが終わらないと、おおっぴらに法を破っていた何万人という一般のインド人を逮捕せざるをえなくなった。平和的な抗議活動の参加者がある製塩所を封鎖したとき、ゲートを守っていた兵士たちは、必要なら力で彼らをしりぞけるよう命令を受けた。ガンディーは支持者たちに、兵士に対しては抵抗せず道の真ん中に座るよう指示していた。このため、世界の報道陣から丸見えのところで、怒った兵士たちが人々に襲いかかることになった。抗議行動は容赦なく鎮圧され、多くの死傷者が出たが、ガンディーはイギリスに対し大きな倫理的勝利を得て、イギリスがインドの完全な独立を認めなければならなくなるのは時間の問題だとイギリス自身認めざるをえなくなった。

自然の賜物
ガンディーは抗議活動の参加者に自分で塩を作る方法を教えた。

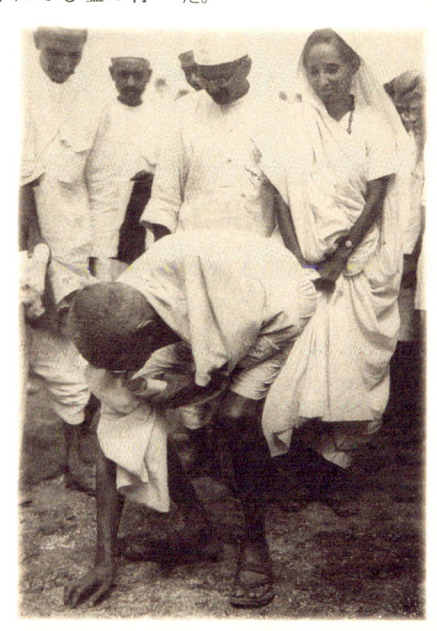

塩 175

フリント
Silex

分類：堆積岩のノジュール
起源：低温低圧の変成
化学式：SiO_2

◆ 産　業
◆ 文　化
◆ 通　商
◆ 科　学

ヒト科の動物はすくなくとも260万年前から道具を使っていた。骨、枝角、木のような有機物のほかに、人類は何種類かの硬い石を使い、成形してさまざまな道具にする方法を覚えた。発見した最良の材料であるフリントは硬い堆積岩で、チョークの地層に生じた大きなノジュール［堆積岩中にある周囲と成分の異なる塊］の中に存在する。フリントは先史時代にも有史時代にも広く採掘され、大きな鉱床は今日の主要油田に匹敵する価値があった。フリントをはじめとする石の加工は、うまくやるには高度な技能が必要とされるものの、のちの材料技術とは異なり誰にでもできた。このため、石器時代の社会には、もっと複雑な技術を基盤とする社会でみられるような階級や階層のはっきりした区別はなかったと考えられている。

最初の人類

私たちの祖先にあたる初期のヒト科についてはわからないことがたくさんある。たとえば、今から550万年前頃にアフリカに出現した、類人猿に似た初期のヒト科であるアウストラロピテクス属のどれが、さらには230万年前のホモ属の初期の種のどれが直接の祖先なのかわかっていない。人類は慈悲深い創造主によって粘土から魔法のように形づくられたのであって、動物とは離れたところにいると信じる創造説を支持するつもりはない。ただ、古人類学者自身も認めるだろうが、100％の確信をもって最初の人類を特定するには、標本が少なすぎ、彼らと最初のホモ・サピエンスのあいだの期間が長すぎるのである。

進化論に従えばホモ・サピエンスが出現したのは20万〜25万年前かもしれないが、創造説によれば神の手により無から創造されたのであり、ジェイムズ・アッシャー大主教（1581-1656）の聖書年史を採用するならたった6016年前ということになる。この年史には、アダムが創造されたのは紀元前4004年の10月22日土曜の夜で、そのとき創造主は数時間さくことができたと書いてある。とくにほかに誰も話しかける相手がいない全能の存在にとって、土曜の夜はとても静

硬い塊
フリントは軟らかいチョークの地層の中にある。

世界史を変えた50の鉱物

器用な人
人類のもっとも古い祖先は単純なフリントの道具を作った。

かだっただろう。もちろんそのときには土曜も夜もなかった。時間の概念は、人間が時間をむだにしているか賢くすごしているか知る必要があって作り出したものなのだから。

信心深い人のなかには、天地創造というありそうにもない奇跡を信じるほうが、現代のチンパンジーとそう違わない動物が数百万年かけて道具を作り使用する能力を発達させ、火を自在に使う方法やのちには火の作り方を覚え、複雑な社会的相互関係、言語、宗教、芸術を生み出したという、さらにもっと奇跡のような考えを受け入れるよりましだと思う人もいるだろう。これまでの項で見てきたように、かつては道具の使用は人類を人類たらしめる特性だと考えられていたが、今では大型類人猿、そして鳥、哺乳類、頭足類のいくつかの種が物を簡単な道具として使うことが知られている。同様に、言語、感情、自己認識ももはや人類に特有のものとはみなされていない。しかし、今から230万年前頃にホモ・ハビリス（「器用な人」の意）が出現すると、意図してフリントや黒曜石や石英をそれとわかる道具に形作るようになったため、人類のツールキット（道具一式）は人類以外の種が作ったどんなものより、そして初期のヒト科が使用した道具よりすぐれたものになりはじめる。

ツールキット
人類の石器はそれまでよりずっと洗練されたものになった。

フリント 177

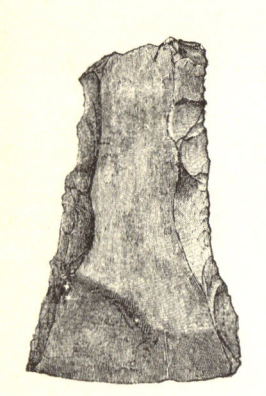

斧
フリントの斧のおかげで動物の死体を解体できるようになった。

石の時代

「石器時代」という言葉は誤解をまねくかもしれない。人類は現在でも日常生活で石を使っているから、ある意味、いまだに石器時代に生きており、同じくらいいまだに銅や青銅の時代にいる。人類はこれらの材料にさらに多くのものをつけくわえてきただけなのである。しかし、議論をわかりやすくするため、石器時代は260万年プラスマイナス7000～1万年続いたことにする。私たちがひとつの製品が数年で使われなくなると思っていることを考えると、そんなに長いあいだ続く技術を想像するのはむずかしい。もちろん、ごく大雑把に手をくわえられただけの石のかけらで、それを示すのに使われる機能名称に偶然似ているだけのものから、誰が見ても作られたものと認識できるような素晴らしくかつ美しく加工された斧、ナイフ、草刈り鎌へと、道具のデザインや種類は変化した。「黒曜石」の項で見てきたように、世界のいくつかの地域では有史時代になってかなりたっても石器時代が続いたということができ、今日でもまだ、地球上のきわめて辺境な地にいるいくつかの狩猟採集民の社会の技術は石器時代にあるとされている。ただし、彼らも工業文明の製品と出遭えば、それを使用しない者はほとんどいないが。

石器時代は非常に長く、考古学者はアシュール文化やムスティエ文化といったいくつかの時期に分けている。こうした用語は18～19世紀にそれぞれの時期の「石器群」がはじめて発見された場所にちなんで命名されたもので、そこが起源の場所というわけではない。サン・アシュールとル・ムスティエの遺跡はどちらもフランスにある。のちの研究により道具製造の起源は東アフリカにあるとされており、そこから祖先たち

狩猟採集民
石の矢や槍の穂により、人類は狩のときに有利になった。

178 世界史を変えた50の鉱物

初期の採集用の道具は木や骨に剃刀のように鋭いフリントの刃を埋めこんだものだった。その後も石を削り剥片をはがして道具を作りつづけたが、新石器時代には硬すぎて削ることができない石は研磨して道具にした。人々は鎌、草刈り鎌、熊手、鍬、単純な鋤を開発して、穴掘り棒に代えた。

ウィリアム・ハヴィランドほか『人類学——人類の挑戦（Anthropology: The Human Challenge）』（2010）

が何波も移住をくりかえしたときに、彼らとともに地球上のあちこちに広まったのである。さまざまな石器群の呼称は、18世紀前半に作られた旧石器時代、中石器時代、新石器時代というもっと広い時代区分の用語に包含される。

　1969年にグレアム・ヤングが独自の石器技術の5段階区分（モード1～5）を提案した。これは世界のさまざまな地域で同じ順序で発生したが、時期はかならずしも同じではない。モード1から5になるにつれて、しだいに手がこむようになると同時に新たな種類の道具が開発されたことを示す。石器時代の道具の発達に絶対的な年表はなく、いくつかの地域では有史時代に入ってかなりたっても石器が作られつづけた。モード1の道具は最小限の加工しかほどこされておらず、石の一方の端が使用でき、残りの部分は自然のままの状態になっている（たとえばオルドワン文化、260万-170万年前）。モード2はふたつの完成された面をもつ（たとえばアシュール文化、175万年前頃から）。モード3に特徴的なのが小さなナイフ様の道具（たとえばムスティエ文化、30万年前頃-3万年前頃）で、モード4の特徴をなすのが長い刃をもつ道具（たとえばオーリニャック文化、4万7000年前頃-4万1000年前）である。モード5の特徴は細石器すなわちフリントや黒曜石の小さな剥片がたくさんあることで、木製の柄に固定して複合的な道具や武器を作った（たとえばマドレーヌ文化、1万7000-9000年前）。

平等主義の物質

　道具の製造は人類の行動の現代化が進むよりずっと前に始まり、5万年前頃だったと考えている考古学者もいるが、「オーカー」の項で示したようにそれより3万年も早く始まった可能性があることを示唆する証拠がある。しかし、もっとも興味深い謎は、人類がどのようにして石の道具の使用法を発見したかではなく、なぜ何百万年もとぎれず使用したあとで作るのをやめ、金属の用具を生産しはじめたのかということかもしれない。金属は原料を得るのも製造

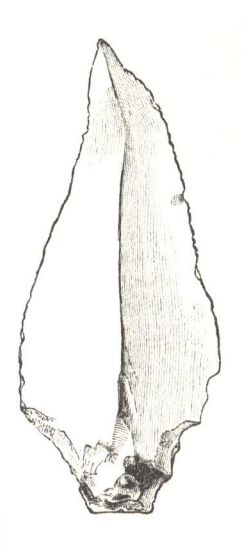

ナイフ
フリントのナイフは肉の調理や食用植物の採集に使われた。

石壁
ヨーロッパの一部では、今でもフリントが強くて耐久性のある建材として使われている。

するのもはるかにむずかしく、すくなくとも冶金術が始まった頃には、多くの試練に耐えてきた石の道具に比べてそれほどすぐれていたわけではなかったはずである。

オーストラリアとアメリカ大陸の一部では、16〜17世紀にヨーロッパの探検家がやってくるまで石器時代は終わらなかった。たとえば南米のアンデス地方では、インカとその後継文化が高度な冶金技術を発達させて、ときには（「白金」の項で見てきたように）旧世界よりかなり進んでいる場合もあったが、石器時代は16世紀まで続いた。新しい進んだ技術が発見されても、それ以前の技術段階が自動的に消滅しなかったわけだが、それは工業化時代でも同じことで、たとえば技術と材料の継承が行なわれている。

人類の技術の石から金属への進化は、かつては関連技術を有する文明の所定の発達段階をへて進む直線的な進歩とみなされていたが、現在は世界のある特定の地域の歴史にしか適用できないと考えられている。その地域とはヨーロッパであり、石から銅、青銅、そして鉄へなめらかに発展するという考え方がはじめて生まれた地域でもある。これに対し、アメリカ大陸がたどったパターンはまったく異なっていた。西暦1千年紀にメキシコ、ベリーズ、ホンジュラス、グアテマラに住んでいた古典期マヤの人々は高度な数学や天文学を発達させ、暦は現在でもそれを扱った本がベストセラーになるほどであり、彫刻、絵画、焼き物、建築の分野のすぐれた芸術作品を残したが、それらはすべて石器時代の技術でなしとげられたものである。

戦いの武器
おそらくフリントの刃が最初に使われた武器だったのだろう。

特定の鉱物の存在、そして金属のような新しいものを作る方法についての知識さえ、それだけではなぜある文化が新技術を開発し、別の文化がそうしないほうを選んだのか、あるいはなぜ特定の技術段階でとどまることにしたのか説明することはできない。インドと中国は第１次産業革命を十分起こすことのできる立場にあったが、そうしなかった。これに対しイングランドは、天然資源と人口の点でそれほど有利な立場になかったのに、１世紀のあいだ技術的に世界トップの位置にあったのである。そこで、金属を非常に扱いにくいものにしていた理由——希少で抽出と製造が複雑なこと——が、社会の階層化が始まったとき、金属を人間社会にとって非常に魅力的なものにしたのではないかという考えが出されている。

新石器時代には地理的に広い範囲にわたって最上級のフリントと黒曜石が採掘されて交易され、最初の遠距離交易網が確立されたが、そうしたものだけが道具に加工できる石だったわけではない。石は本来誰でも自由に手に入れられる平等主義の物質である。だが鉱石、とくに錫と銅の合金である青銅、そして鉄をつくるために使用する鉱石は長距離をへて交易する必要があったし、こうした金属の生産は技能を要し、必然的に専門の金属加工職人の階級と、金属製品を注文し購入できるほどの富をもつ力のある男女の階層が存在したはずである。つまり、金属は余剰が政治家や武人のエリート層によって支配される階層社会の生産物なのである。ただし、「黒曜石」の項で見たように、冶金術が複雑な階層社会が生まれるための必須要件ではない。たとえばアステカ＝メシカ族やマヤ族は、青銅も鉄もないのに高度に階層化した社会を発達させた。

マッチなしで

◆

たとえマッチがあっても、野外で風や雨のなかで火を起こすのが非常に慎重を要する作業だというのは、ボーイスカウトに入らなくてもわかることだ。大昔の人類の祖先は、命が脅かされない程度の流れ出たばかりの溶岩や森林火災に遭遇するといった幸運に恵まれないかぎり、２本の棒をこすりあわせる方法に頼るほかなかったが、ついに道具を作っているときにフリントの塊から火花が飛ぶのに気づいた。しかし、たとえかなりの腕前と乾いた焚きつけがあっても、このやり方で火を起こすには数分かかることもある。火起こしの最初の大きな進歩は火口箱（ほくちばこ）の発明で、これは燃えやすい物質を入れた金属容器と一片の鋼からなり、この鋼ととがらせたフリントの剥片を打ちあわせて火花を出させる。火口箱はいくらか改良されて、マッチが発明されるまで使用された。

点火器
火口箱は19世紀まで使用された。

鋼
はがね
Stahl

分類：合金
起源：鉄鉱石
化学式：Feとさまざまな量の炭素(C)

◆ 産 業
◆ 文 化
◆ 通 商
◆ 科 学

工業用金属
現代社会は文字どおり鋼で築かれている。

　鉄および鋼（スチール）の冶金術の発達をうながしたのはおもに軍事技術である。ごく早い時期から鉄鍛冶師は鋼を生産していたが、錬鉄に混ぜる炭素の量を変えることでその性質が変わる化学プロセスを理解していたわけではない。鉄鍛冶師は青銅の武器より先が鋭く場合によってはしなやかさももつ刃を作ったが、彼らの発見は試行錯誤と経験を通して得られたもので、その知識は技術的ノウハウというより魔法の伝承に近かった。鎧は青銅で作られていたが、薄鋼板を使うことによってより強く軽い鎧ができるものの、費用がかさんだ。鋼板の鎧を作るために余分の資源と時間が必要になったことで、戦争の様相は変わった。また、今や軍人はそれまでよりずっと大きな重荷を負い、移動できるように何かに乗る必要があった。こうして武人は鎧と適当な乗り物を買うためにかなりの富が必要になった。古代末期から、軽装備の歩兵の大軍は馬に乗った重装備の騎兵の精鋭部隊にとって代わられるようになり、これが中世の輝く鎧を身につけた騎士の前身である。

「われら兄弟の一団」

　1415年10月25日金曜日はアジャンクールの戦いがあった日で、ウィリアム・シェイクスピアはこの戦いから着想を得て、きわめて勇壮な愛国的作品を書いた。イングランド国王ヘンリー5世（1386-1422）は、王の死からおよそ2世紀をへてシェイクスピアが書いたその主役たる王の名にちなんだタイトルの劇で、「兄弟の一団」の演説をする。フランス北部のぬかるんだ土地でフランス軍とイングランド軍のあいだで戦われたアジャンクールの戦いは、のちに百年戦争（1337-1453）と呼ばれるようになる両国のあいだで長々と続いた戦争中に数多くあった似たような戦闘のひとつにすぎない。ふたつの国民国家のあいだの戦いとして描かれているが、紛争の原因と起こりを見れば、歴史学者がその後の紛争のプロパガンダの要求を満たすために作り上げた過度に単純化された考え方だということがわかる。

板金鎧
アジンクールの戦いは鎧を着た騎士の終わりの始まりを告げた。

　ノルマン人自身かつてフランス北部に定住した侵略者ヴァイキングの子孫であるが、1066年にアングロサクソン人のイングランドを征服すると、イングランドのノルマン人とフランスの貴族とのあいだの結婚によって生じたさまざまな王位継承権をめぐる主張が、封建領主とその被支配者の関係もあいまって、国家への忠誠や領有権にかんする問題と混同されるようになった。その結果、数世紀にわたる争いののち、フランスとイングランドはふたつの別々の国家として認識できる存在となり、19世紀の初めまでライバル国でありつづける。戦争の厳密ななりゆき、勝利と失望は本項では重要ではないが、詳しくない読者のために明かしておこう。イングランドは主要な戦いの多くに勝利したものの最終的には敗北し、フランスにおける領有権の主張を放棄しなければならなかったのである。
　本書にとってアジンクールの戦いの意義は、鉄板の鎧が戦いの帰結にプラスとマイナスの両方の役割を果たしたことにある。対決の直前、

強大な軍隊が鋼を使って作られた。(…)敗者は完全に滅ぼされた。彼らの町は略奪されて焼かれ、全土が荒廃した。当時は国をあげて戦争に行った。(…)しだいに鋼の加工法が改良されて、既知のあらゆる武器の攻撃に耐えられる鎧を作ることができるようになったが、鎧はたいへん高価で手に入れるのがむずかしかったため、少数の武装した者が国民のためにすべての戦いをするようになった。
デイヴィッド・ジャブロンスキー『4つの軍事古典（Four Military Classics）』(1999)

鋼

フランス軍はイングランド軍にたやすく勝利できるものと確信していた。ヘンリーは6000～9000人の小規模な軍を率い、鎧をまとった騎士が軽装備の射手——名高いイングランドの長弓隊——に守られて、フランスの海岸にあるイングランド領カレー港の安全な場所に向かって北へと退却していた。追うフランス軍には馬に乗った重装備の騎士1200人を含む推定1万2000～3万6000人の戦士がいて、それまでのイングランド軍との戦いで失った者たちの復讐を果たそうと意気ごんでいた。当時すでに火薬兵器が使用されていたが、フランスの板金鎧とイングランドの長弓の対戦となるこの戦いでは、重要な役割は果たさなかった。

戦争の恐ろしい算術

　鎧をつけた騎士は西ヨーロッパと中世のものだと考えがちだが、重装備の騎兵の起源ははるかに古く、古代までさかのぼり、東洋に起源がある。中世騎士の直接の原型は後期ローマとビザンティンのカタフラクトと呼ばれる重騎兵で、鉄の槍と鎚矛（つちほこ）と剣で武装し、頭部を完全に覆う兜をつけ、鎖帷子（くさりかたびら）の上に鱗状の金属板を重ねたサーコートを着て身を守った。ビザンティンのカタフラクト自体は、ササン朝ペルシアとローマの

金属の魔法
鋼鉄製の刃の品質は鍛冶師の腕前しだいだった。

一番の切れ味
最良の鋼の剣は今でも日本で作られている。

あいだの主要な戦闘で何度もローマの歩兵や軽騎兵に対してその力を証明したイランや中央アジアの重騎兵から発想を得ていた。

今日でもまだイラクやアフガニスタンで計算されているような戦争の恐ろしい算術では、戦略家は、鎧によって兵士が得る安全性の、鎧をつけた兵や馬のスピードと機動性の低下に対する相対的な価値を検討しなければならなかった。その日のアジャンクールのフランス軍の場合、まったく計算どおりにいかなかった。フランス軍は数でまさっていた（ただし近年、イングランド軍より正確に何人多かったか問題にされている）が、戦場は森林に囲まれていて、より軽装備の敵を側面から包囲することも、数の多さを有効に利用することもできなかった。イングランド軍はあらかじめ防御体制をとり、地面にとがらせた杭を埋めて、フランス軍の一団となった騎兵の猛攻の衝撃と恐怖に対し守りを固めた。フランス軍がイングランド軍に対して最初の攻撃をくわえたとき、フランスの騎士は鎧によってイングランド軍の弓矢や石弓（クロスボウ）の太矢から守られたが、馬はそうはいかなかった。

乗っている馬が死んだり傷ついたりパニックにおちいったりすると、騎士は秋の雨でぬかるんだ重い地面を敵に向かって走るしかなかった。そして、イングランド軍の布陣まで達したときには疲れはてて戦うことができなかった。騎士の多くが倒れ、起き上がることができなかったのである。一度無力に地面に倒れれば、ほとんどの者が板金鎧で動きを妨げられていないイングランド軍の歩兵や射手に簡単に捕らえられるか殺

刃の側を上に
◆

　日本の武士がもっていた長い剣つまり日本刀は、刀鍛冶の最高の技が現れていることで定評がある。まっすぐで両刃の西洋の剣とは異なり、日本刀はわずかに湾曲した片刃で、これはこの剣をどのように身に着け抜くかを物語っている。武士は刀を刃の側を上にして帯にさし、抜きざまに一撃で倒せるように鍛錬を積んでいた。長さは60センチから73センチまでさまざまで、その特有の形、しなやかさ、みごとな刃は、刀身に2種類の鋼を使う独特の製法によって生まれる。刀身の中心部は炭素含量が少なく軟らかい［が折れにくい］鋼で作られ、鋭い刃先を保つことができるより炭素に富む硬い鋼がそのまわりに巻かれている。刀のそりは、鍛造のときではなく、刃の縁に沿って薄くなるように粘土と灰の保護層をつけた状態で焼き入れをすることでつけられる。

鋼　185

された。2度目のフランス軍の攻撃はおもに徒歩だったが、このときも同じ目にあった。フランス軍は7000～1万人を失い、そのなかには騎士も多く含まれていた。これに対し、イングランド軍が失ったのは200人以下だったと推定されている。アジャンクールで板金鎧の弱点が明らかになったが、それでも戦争における鎧の使用が終わらなかったという事実は、軍人の保守性を示す証拠といえる。鋼の鎧は進化するが、戦場で役目があったのは第1次世界大戦までだった。

鋼の時代

　鍛冶師は鉄の精錬を始めるとすぐに鋼鉄製の道具や武器を作るようになったが、鉄と炭素の合金には硬いがもろいものもあれば打ち伸ばしできるが簡単に刃が鈍くなるものもあることの、化学的な理由を理解していなかった。鋼の組成にくわえ、「焼き入れ」すなわち赤く熱した刃を水または水と油を混ぜた中に漬けることによって、この金属の物理的性質を変えられることを鉄鍛冶師は発見した。焼入れの作業をすることにより、金属の構造を変えてより硬くし、ずっと鋭い刃先にできる。

　中世にはシリアとスペインの刀鍛冶がその刃で有名だったが、世界でもっとも上質の鋼の刃は日本で

天国の入口

◆

　2006年夏に仕事でシカゴを訪れたとき、そのスカイラインを世界でもとくに印象的なものにしている、この都市の素晴らしい高層ビル群を見学するのを楽しみにしていたが、訪問のハイライトは2～3カ月前に完成して公開されたばかりの巨大な彫刻作品だった。それはイギリスの彫刻家アニッシュ・カプーア（1954生）のクラウド・ゲートで、ミレニアム・パーク内のAT&Tプラザの中央に置かれている。この作品はその形から地元の人々に「ザ・ビーン」という愛称をつけられ、高さが13メートルある。168枚のステンレス鋼板で作られ、重量は100トン。表面が非常によく研磨されているため接合部は見えず、湾曲した金属面に周囲の都市風景が歪んで映る。

鋼鉄製の涙のしずく
シカゴのスカイラインがクラウド・ゲートの表面に映っている。

武士のために作られた（185ページのコラム参照）。しかし、日本は19世紀後半までおよそ250年間鎖国を続けたため、日本刀の優秀さがようやく世界に知られたときには、すでに鎧をつけた剣士の一対一の戦いから戦術が変わってかなりたっていた。

ようやく鋼の製造法が完全に理解されたのは19世紀中頃になってからで、イギリス、アメリカ、ドイツで完成され、その結果、これらの国は工業時代のリーダーになった。第1次産業革命は石炭（60-71ページ）と鋳鉄および錬鉄で作られた機械で駆動された。しかし、鉄は金属疲労を生じやすく、極端な場合は大きな破損につながることもある。19世紀前半には鉄橋の崩落や線路の破損といった、注目を浴びる大事故がいくつもあった。1856年にはヘンリー・ベッセマー（1813-98）が「ベッセマー法」を完成させ、これによって安価な鋼を大量に製造できるようになった。

鋼は第2次産業革命の基本的な材料となり、鉄道、蒸気船、自動車、機械化された工場、金属枠組み構造の建物が無数に作られた。現代の材料工学はプラスチックやアルミ合金の発明とともに進歩してきたが、家庭や職場をちょっと見渡してみると、今でも日常生活でいかに鋼に依存しているかわかるだろう。座っている椅子の骨組み、机をとめているボルトやネジやナット、本書を書くのに使っているコンピュータのケース、さらにはタイプしているときに画面をはっきり見るために必要な眼鏡のフレームさえも、みなさまざまな種類の鋼でできている。

補強
鋼の桁は現代の建築物を構成する重要な要素である。

鋼　187

錫 (すず)

Stannum

分類：金属
起源：鉱石および漂砂鉱床
化学式：Sn

◆ 産　業
◆ 文　化
◆ 通　商
◆ 科　学

　人類の工業と通商の歴史は、最初の合金である青銅の製造から始まった。青銅器時代以前は、人類は狩猟採集民と牧畜民と定住農耕民の異質で隔離された集団で構成され、たがいに散発的な接触しかなかった。青銅の製造により、ヨーロッパ北部の人々を地中海や近東の人々と結びつける国際的な通商網が出現した。世界の歴史においてはじめて長距離の海上交易を行なったのはフェニキア人で、アフリカやヨーロッパの沿岸部を探険した。フェニキア人は、ヨーロッパ北部の海域にある伝説の錫諸島に最初に到達した地中海の民族でもある。

「リーダーのところにつれていけ」

　紀元前1千年紀にはじめてフェニキア商人が船でイングランド南西部のコーンウォールにやってきて、ブリテン諸島に住むケルト人から錫を買おうとしたとき、この出会いは、たとえばアメリカ人の家の裏庭に空飛ぶ円盤が着陸して家の主人にホワイトハウスへの行き方をたずねたのと同じくらいとんでもないことだったにちがいない。かつて歴史学者はフェニキア人の活動の中心地を「レヴァント」と呼んだ。現在、シリア、レバノン、イスラエルの国々が占めている海沿いの地域である。そこでフェニキア人はいくつかの独立した都市国家に住み、なかでもよく知られているのがティルス、ビブロス、ベイルート、シドンである。

　地中海におけるもっとも重要な商売敵だったギリシア人と同様、フェニキア人も大きな領土をもつ帝国を建てようとせず、通商路沿いの重要な位置に植民地を設けた。フェニキア人は徐々に西へ移住して北アフリカの海岸沿い、バレアレス諸島、イスパニア南部に基地を設け、これに対しギリシア人はイタリア半島南部、シチリア島、ガリア南部に植民地を築いた。この初期の植民地化の努力によって古代世界の地政学的様相が決まったといってよいだろう。ギリシア人はイタリアの部族を文明化するが、そのひとつであるラテン人がローマ市を築くことになる。フェニキア人は現在のチュニジアのカルタゴに、西のものとしては最大の植民地を建てる。

謎の金属
フェニキア人はときには命をかけで錫の秘密を守った。

かなたの鉱物
錫の交易はブリテン諸島とレヴァントを結びつけた。

フェニキア人は、もっと大きく強力な帝国や不安定な近隣諸国に囲まれたこみあった世界に住んでいた。南にはエジプト、東には多くのカナン人諸氏族とその向こうのメソポタミア、そして北にはアッシリアがあったのである。外交と交易によってフェニキア人は何世紀ものあいだ独立を維持することに成功したが、最終的にはペルシア帝国に吸収された。しかし、フェニキア自体は征服されたかもしれないが、その植民地は独立を保ち、地中海西部に帝国を興した。地中海東部におけるギリシア人とフェニキア人の競争は、両者の後継者であるローマ人とカルタゴ人のあいだで最後まで続けられることになる。北アフリカの現在のチュニジアにあった大都市カルタゴは、イタリア半島南部、シチリア島、バレアレス諸島、イスパニア南部に植民地を設けた。そして、富の源泉のひとつが銅と合金にして青銅を作るための金属、錫の交易で、ローマとカルタゴはそれをめぐって戦ったのである。

ファインピューター
◆

青銅よりあと、歴史的にもっとも一般的な錫の用途は、やはり合金のピューター（しろめ）の製造であった。ピューターは軟らかいくすんだ灰色の金属で、85〜90％の錫にさまざまな量の銅、アンチモン、または鉛が配合されてできている。この合金は融点が低く、加工しやすい。ピューター製品は古代から知られていたが、使用された時期はおもに12〜19世紀で、テーブルウェア、カトラリー（食卓用金物）、酒器、食品や飲物の容器が作られた。ピューターと呼ばれる合金はおもに3種類ある。約1％の銅を含む「ファイン」、約4％の鉛を含む「トリフル」、もっとも多い約15％の鉛を含む「レイ」である。鉛があると鉛中毒の原因になることがわかったため、現在のピューターはもう鉛を含んでいない。ピュータが人気があったのは、19世紀に安価なガラス食器や磁器製のテーブルウェアが開発されるまでのことだった。今ではこの金属は、装飾品の材料という、その特性を生かした用途で利用されている。

錫のポット
錫はピューターのテーブルウェアの製造に使われた。

錫 189

錫の島

「青銅」の項で述べたように、錫と銅が一緒に見つかるのは非常にまれで、漂砂錫鉱床や錫鉱石の供給地は比較的少ない。西ヨーロッパの最大級の鉱床はスペイン北部、フランス北西部のブルターニュ、そしてもっとも豊富なイングランド南西部のコーンウォールにある。青銅器時代（5300-3200年前）にヨーロッパ北西部の錫が地中海と近東に運ばれ、最初はこの金属は多くの仲介者を通して間接的に取引きされたはずで、このため錫が最終目的地に届くのが遅れただけでなく、仲介者が手数料をとるたびに価格が跳ね上がった。

フェニキア人とギリシア人はどちらも北ヨーロッパの錫の供給地を探していたが、先にコーンウォールの鉱山を見つけたのはフェニキア人だった。当然のことながら、

コーンウォールの伝統
コーンウォールでは古代から20世紀まで錫が採掘された。

缶詰で進軍
◆

缶詰が発明される前は、食物を保存するには乾物か燻製か塩漬けにするしかなかった。だが、これらの方法にも限界があり、とくに保存肉は長くはもたない。食物を安全に保存する手段を開発しようとする人類の努力は、長距離の船旅と軍事行動というふたつの分野でなされた。人類が海路で地球の果てを探険しはじめると、すぐに十分な量の食糧をどうやって持っていくかという問題に直面した。15世紀末にアメリカ大陸が発見されて大洋横断の旅がなされるようになると、乗組員は続けて何週間も陸地を目にすることができず、食品保存は重大な問題になった。同様に18〜19世紀の戦争のような長距離を移動する軍事行動も、軍の兵站担当者にとって大きな悩みの種となった。十分な食糧を運べない軍は飢えるか、敵の領土で食糧を徴発せざるをえないため攻撃されやすかった。「ティン缶」は腐食を防ぐために鋼の表面に錫をめっきしたためこう呼ばれ、できたのは19世紀初めである。方法はフランスで考案されたが、最初の缶詰製品工場は1813年にロンドンで操業を開始し、イギリス軍のための軍用食を作った。

儲かる交易を独占しておきたいフェニキア人は供給地の秘密を固く守った。1世紀のローマ軍によるブリタニア征服より前、あるカルタゴ人の船長はローマ船に追われたとき、目的地を敵に知られるよりは船を難破させるほうを選んだ。昔のギリシアの地理学者たちは、どの地方から錫が来ているかかなりおおまかには知っていたが、正確な場所をつきとめることはできなかった。そして、この錫の産地をカッシテリデスと呼び、半島かひとつの大きな島だというところまでは特定し、イスパニアからブリタニア南部海域のどこかにあると考えていた。

　紀元前1世紀に活躍したギリシアの地理学者で歴史学者でもあるディオドロス・シクロス（下の引用句参照）は、カッシテリデスがコーンウォールであると正しく認識していたが、彼の記述の内容の多くは考古学による確認がとれていない。地中海におけるローマの勢力拡大は、地中海西部の長距離貿易からのカルタゴ人の排除につながった。ローマ軍は紀元前264年から146年のあいだに北アフリカにあったカルタゴの王国と3回戦争をした。2回目の戦争では、戦象をつれてアルプス越えをしたことで有名なカルタゴの将軍ハンニバル（前247-182）の働きにより、ローマ軍はあやうく敗北するところだった。だが、紀元前216年のカンナエの戦いでハンニバルがローマ軍を殲滅したにもかかわらず、最終的にはローマ軍が勝利してカルタゴを徹底的に破壊し、この容赦のない軍事テロ行為によってその後500年間のヨーロッパと北アフリカにおける優位を確かなものにした。

軍用食
缶詰は軍隊に糧食を提供するために考案された。

金と同じくらい希少
錫石は現在では非常にめずらしい。

　島の「ベレリオン」岬方面に住みついている島民は、他郷者に対しては格別に親切で、他郷の交易商人が往来するため、日常の振舞に世慣れたところがある。そして、ここの住民が錫を精練し、そのために、これを産する大地をば技術を凝らして開発している。
ディオドロス・シクロス（前50頃活動）『神代地誌』［飯尾都人訳、龍渓書舎］

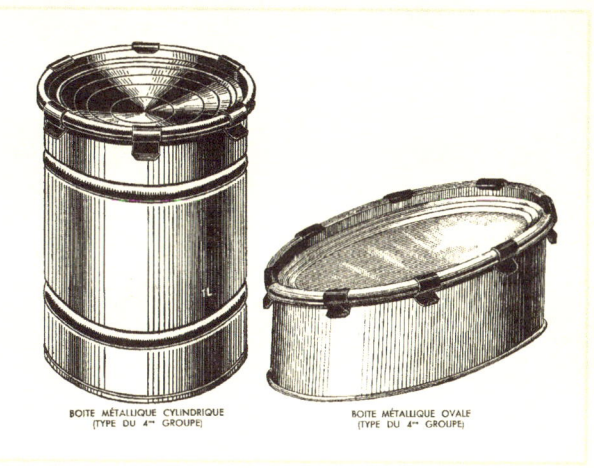

錫　191

硫黄
Sulphur

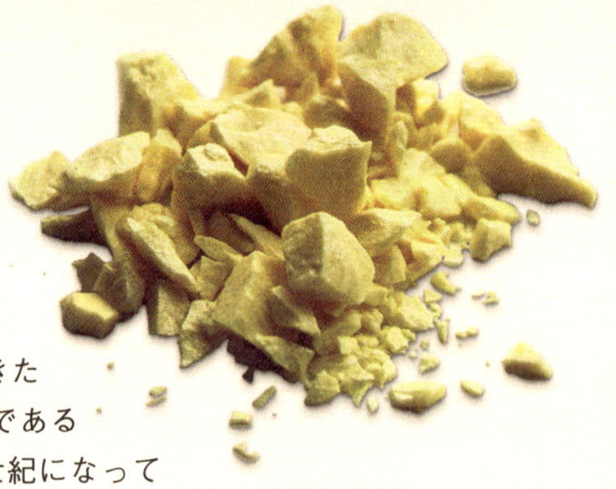

分類：非金属
起源：自然硫黄および鉱石
化学式：S

◆ 産　業
◆ 文　化
◆ 通　商
◆ 科　学

地の塩
硫黄は火山の噴気孔の周囲に蓄積する。

技術兵の元素
硫黄は火薬とギリシアの火の重要な成分だった。

硫黄は古代から使われてきたが、それ自体ひとつの元素であることが理解されたのは18世紀になってからである。硫黄は工業、家庭、軍事、農業のさまざまな用途で使われ、現代社会で使用されるきわめて重要な工業用化学物質である硫酸の主成分でもある。

火とブリムストーン

　聖書によれば、神は罰として「ソドムとゴモラにブリムストーンと火を降らせた」（旧約聖書『創世記』19章24節）。「ブリムストーン」は「燃える石」という意味で、燃えやすい元素である硫黄に与えられた伝統的な名称である。硫黄と空から降ってくる神の怒りとの関連づけは、火山活動が活発な地域で硫黄が発生することに由来し、今でもそのような地域は産業用に採掘される硫黄の主要な供給地である。歴史的に重要な生産地はシチリア島で、第1次世界大戦のときに大量の硫黄を供給した。現代では、20世紀中頃に石油経済が拡大して以降、石油精製の副産物として大量の硫黄が生産されている。

　これまでの項で、硫黄がふたつの焼夷兵器の成分と

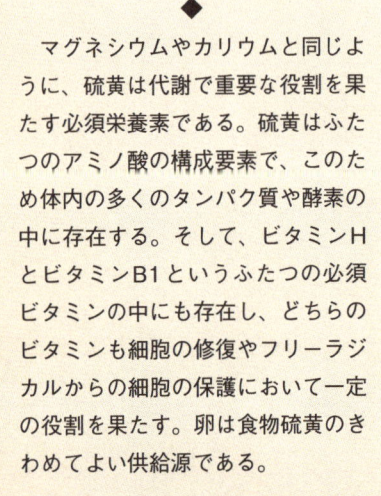

体内の硫黄
◆
　マグネシウムやカリウムと同じように、硫黄は代謝で重要な役割を果たす必須栄養素である。硫黄はふたつのアミノ酸の構成要素で、このため体内の多くのタンパク質や酵素の中に存在する。そして、ビタミンHとビタミンB1というふたつの必須ビタミンの中にも存在し、どちらのビタミンも細胞の修復やフリーラジカルからの細胞の保護において一定の役割を果たす。卵は食物硫黄のきわめてよい供給源である。

して使われたことを述べた。硫黄は炭と硝石とともに黒色火薬すなわち銃砲火薬の構成物質であり、黒色火薬は中国の（不老不死の霊薬を探していた）錬金術師によってはじめて発明され、のちに火薬兵器とともに西洋にもたらされた。また硫黄は、ビザンティン軍が敵の船に浴びせた引火性の混合物、ギリシアの火の成分だったと考えられている。どちらの兵器も戦いで重要な役割を果たしたから、硫黄は国家も自由に商売をしている兵器商も熱心に求める貴重な品物だったはずである。

硫黄の重要な用途のひとつが硫酸の製造で、硫酸の利用については次の節で見ていくことにする。しかし、硫黄が主成分となっている重要な化学物質はほかにもたくさんある。硫黄は、農業や畜産、ブドウ栽培において肥料、殺虫剤、殺菌剤として多くの用途がある。元素硫黄は天然物質とみなされるため、有機農業で使用することができる。果物や野菜の葉枯れ病やうどん粉病を防ぐために作物に散布されるだけでなく、作物の害虫を殺すためにも使われてきた。また、硫黄は医療においても重要な役割を果たしてきた。現代と同じように古代においても皮膚病の治療に使われ、思春期のにきびの治療に使われる剤の一般的な成分だった。

火とブリムストーン
神は硫黄の雨でソドムを滅ぼした。

硫酸風呂

通常の使用法では、「酸」という言葉からとくにプラスの連想はしない。せいぜいなんとか不快でない味、たとえばレモンや酢の酸味を表現するのに使われ、悪くするとアシッド・アタック（酸攻撃）や殺人と結びつけられる。硫酸は古くは緑礬油（オイル・オヴ・ヴィトリオール）と呼ばれ、英語のヴィトリオールから派生した形容詞「ヴィトリオリック」は現在では人をひどく傷つける辛辣な言葉を意味するが、ヴィトリオリック・アタッ

聖書の翻訳によっては、悪名高いソドムとゴモラの町を火とともに滅ぼしたブリムストーンが硫黄とされている。硫黄が「悪魔の元素」とも呼ばれるようになったのは、そのせいかもしれない。
オーブリー・スティモラ『硫黄（Sulfur）』（2007）

クはしばしばたんなる言葉による攻撃以上のものであったことが思い出される。女性に結婚相手の男性を選ぶ権利があることを受け入れられない男性が、とりわけ身の毛のよだつような報復攻撃で酸を使うことが知られている。そのような硫酸を使って美貌をだいなしにする行為は、西洋でも知られていないわけではないが現在では非常にまれで、インド亜大陸や東南アジアでの事件が報じられている。

硫酸は殺人ともつながりがある。たとえば、連続殺人を犯したイギリスのふだつきの犯罪者ジョン・ヘイグ（1909-49）は、「硫酸風呂の殺人者」としてのほうがよく知られており、9人を殺したといわれている。被害者の財産を盗むため、ヘイグは彼らを殺したのちに死体をドラム缶に入れて硫酸で溶かした。死体がなければ殺人の罪に問われないと思っていたからである。死体がそこなわれたため犯罪の証拠の多くが失なわれたが、ヘイグは完全にすべてを処分することができなかった。ひとつのドラム缶の底にあった硫酸でどろどろになった死体の沈殿物の中から警察が発見した入れ歯の一部が、犠牲者のひとりのものと特定されたのである。ヘイグは6人を殺害したとして有罪の判決をくだされ、20世紀でもっともセンセーショナルといってもいい裁判ののち、絞首刑にされた。

酸という言葉のもうひとつマイナスのイメージは「酸性雨」という言葉にみられる。19世紀中頃から知られていた酸性雨が重要な環境問題になったのは20世紀の最後の四半世紀で、この頃、森林や湖、河川への有害な影響が環境運動家によって広く周知された。人間が化石燃料、とりわけ自動車でガソリンを燃焼させて二酸化炭素、二酸化硫黄、窒素酸化物を排出していることが酸性雨のおもな原因であり、植物や動物に悪影響をおよぼすだけでなく、金属製の構造物や石灰岩あるいは大理石の建築物もそこなう。2006年の

燃える激情
ふられた恋人が腹いせの攻撃で硫酸を使った。

火山の月
木星の衛星イオは硫黄化合物でおおわれている。

報告によれば、エネルギーの多くを石炭火力発電所で発電している中国では、国土の3分の1が酸性雨の影響を受けているという。先進国では、厳しい排出規制、自動車への触媒コンバーターの装着、原子力や天然ガスや再生可能エネルギーへの移行により、顕著に状況が改善しており、以前に被害を受けていた湖、川、森林も回復している。

働き者の酸

硫酸は古代や中世にも知られていたが、その使用が劇的に増加したのは第1次産業革命のときで、いくつもの新しい手法によって製造法が大きく変わり、生産量が増大してコストが下がった。硫酸は何種類もの濃度のものが作られ、異なる産業用途で使われている。もっとも薄いものは「希硫酸」と呼ばれ、酸を10％含む。「バッテリー酸」は約30％の硫酸溶液で、「濃硫酸」は純度95～98％の酸である。硫酸のおもな用途のひとつが燐酸肥料の製造工程での使用で、燐酸を含む岩石を93％濃度の酸で処理して岩石中の燐を放出させる。そのほか重要な利用場面として、製鉄および製鋼、アルミニウムの生産、ナイロンなどの合成繊維の製造、製紙、石油の精製、染色、汚水処理などがある。

> ### サリーの塩
> ◆
> 17～18世紀、ロンドン郊外のサリー州にあるエプソムの町は人気の温泉町で、ファッショナブルなロンドン子が行って湯につかり、町の鉱泉水飲み場で社交を楽しんだ。土地の言い伝えによれば、ミネラルに富むエプソムの水の効能を発見したのは、飼っている牛によい効果があるのに気づいた農民だという。煮つめると水が蒸発して硫酸マグネシウム（$MgSO_4$）が残り、これは「エプソム塩」と呼ばれるようになった。この塩は今ではおもに入浴剤の成分として使われており、肌によく、筋肉のうずきや痛みを和らげるといわれている。

高原
ボリビアのアタカマ砂漠は大昔に堆積した硫黄で黄色く着色している。

タルク
Talc

分類：変成鉱物
起源：変成岩
化学式：$Mg_3Si_4O_{10}(OH)_2$

◆ 産　業
◆ 文　化
◆ 通　商
◆ 科　学

タルクといえば、たいていの読者が入浴やシャワーのあとで肌につけるタルカムパウダーのことを思うだろう。しかし、タルク（滑石）すなわち珪酸マグネシウムには、食品製造や窯業、製紙などの産業で多くの利用場面がある。

岩石状のタルク
ステアタイトあるいはソープストーンと呼ばれる石がタルクの原料である。

赤ちゃんを救え

オムツかぶれはもっとも苦しい症状というわけではなく（もちろん赤ちゃんでなければの話だが）、もっと大きな医療の枠組みでは、公衆衛生の関心事としておそらくかなり低い位置にランクされるだろう。19世紀に、職を失った農業労働者が新しい工場で職を得るために移動したことから、西ヨーロッパとアメリカの都市人口が急速に増加すると、すぐに子どもの状況は危機的になり、乳幼児の死亡率が急激に上昇した。19世紀中頃には、親が工場労働者なら、子どもは1歳の誕生日を迎えられれば幸運だし、5歳の誕生日を祝えたらさらに幸運だといわねばならなかった。子どもの死亡率が高いため、都市の労働者階級の平均寿命は20歳まで下がった。

死亡者数の大半は劣悪な衛生状態、過密状態、汚染された飲用水が原因の伝染病によるもので、食事が不十分なためさらに悪化した。子ども時代に伝染病で死ななかった人々も、多くが労働災害や職業病で死亡した。19世紀後半は、労働者階級の赤ちゃんにとってよい時代ではなかった。オムツかぶれなどの症状は、赤ちゃんの世話の衛生水準が低いことの表れだった。今日ではオムツかぶれによって生じることがある肌の感染症に対して効果的な治療法があるが、抗生物質やヒドロコルチゾンのクリームがまだなかった時代には、そのような感染症が重大な併発症につながることがあった。効果的な治療法がなければ、予防するしかな

かなり悪い混ぜ物
◆

リバプール・ジョン・ムーア大学が発表した2010年の報告によれば、タルクすなわちタルカムパウダーは、違法な薬物に混ぜて「薄める」ために使われる一般的な増量剤である。タルクを含んでいることが確認された薬物には、アンフェタミン、メトアンフェタミン、MDMA（エクスタシー）がある。別の調査によれば、タルクはコカインのほか合法な薬物を偽造した薬の増量にも使われているという。タルクは外用や食品添加物のかたちでは安全と考えられているが、吸引した場合、肺の炎症や感染症をひき起こす可能性があり、いくつかの種類の癌との関連性が指摘されている。

かった。

さっぱりと乾いて

　アメリカではじめて大量生産の布オムツが生産されたのは1887年で、それまでは赤ちゃんは手に入るあらゆる種類の材料のオムツをつけていたが、清潔に保つのがむずかしかったり、目的に合っていなかったりした。ヨーロッパと北米ではじめて使いすてオムツが導入された1940年代まで、オムツかぶれを避けるには、布オムツをひんぱんに取り替えて洗うしかなかった。しかし、衛生状態が悪く、あまりひんぱんに交換しなければ、オムツかぶれはもっと重大な感染症につながった。1894年、当時は製薬会社だったジョンソン・エンド・ジョンソンが、とくに赤ちゃんを狙ったはじめての消費者向け製品を製造した。それが、過剰な水分を吸収し、肌とオムツのあいだの摩擦を減らしてオムツかぶれの発生を防ぐ「ベビーパウダー」である。種痘のように子どもの死亡率を下げる闘いを根本から変える技術革新ではないが、赤ちゃん専用の製品の登場は社会全体の乳幼児の世話に対する姿勢に大きな変化が起こったことのしるしである。

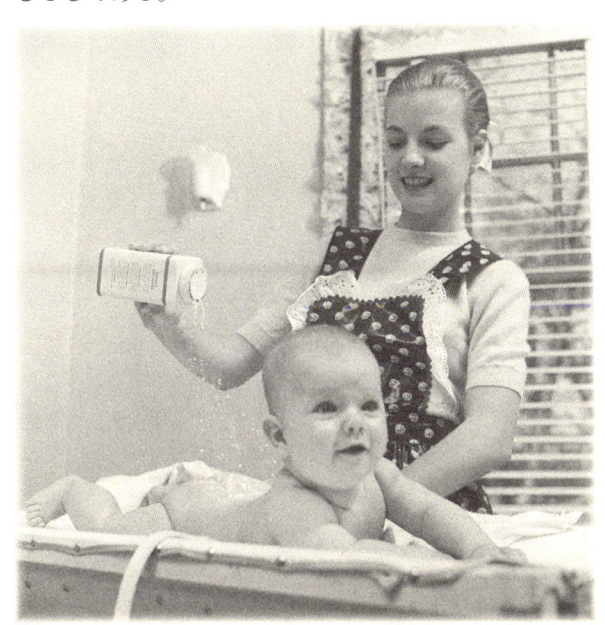

神経は赤ちゃんの体組織のなかでももっとも繊細で、肌のすぐ下にあります。肌を快適にしておくことで、神経を鎮めることができます。そしてお母さんたちは知っています。ジョンソンのベビーパウダーが赤ちゃんの肌をひんやり軟らかく保ち、かゆみや痛みを和らげることを。

1921年からのジョンソン・エンド・ジョンソンのベビーパウダーの広告

押印する
◆

　エジプトとシュメールのほかにインド北部とパキスタンのインダス文明（5300-3300年前）も人類文明発祥の地のひとつと考えられている。しかし、エジプトやシュメールとは違ってインダス文明は歴史から消え去り、19世紀に土に埋もれた都市が発掘されるまで、何も痕跡が残されていなかった。インダス文明の遺跡からは、ソープストーンすなわちタルクを多く含有する軟らかい鉱物ステアタイトからできた、複雑な彫刻がほどこされた印章が何千個も出土した。この印章はおそらく交易で商品の所有者を区別するために使われたもので、実在あるいは神話の動物を描いた上に短い銘文がついている。残念ながらこの銘文は非常に短いため、コンピュータによる最高度の暗号解読技術を用いても、言語学者は解読できないでいる。

赤ちゃんの世話
ベビーパウダーは乳幼児の世話が変化したことのしるしである。

タルク　197

チタン
Titanium

分類：遷移金属
起源：火成岩および堆積岩
化学式：Ti

◆ 産　業
◆ 文　化
◆ 通　商
◆ 科　学

　金属チタンがはじめて確認されたのは18世紀だったが、鉱石から抽出するのがむずかしく費用がかかるため、20世紀中頃まで実験室にあるめずらしいものでしかなかった。戦後、航空産業で利用されるようになり、重量のわりに強度が高いことから、鋼合金に代わる魅力のある材料となっている。

宇宙競争の金属

　1957年10月4日、アメリカの国民は、第2次世界大戦後の時代におけるアメリカの重要なイデオロギーおよび軍事上のライバルであるソ連がはじめて人工物を地球周回軌道に打ち上げることに成功したと聞いて、衝撃を受けた。のちの宇宙機の基準からいえば、スプートニク1号はかなり単純な機械で、金属製の球体の中に電池から電力が供給される無線送信機があるだけのものだった。しかし、地球周回軌道に乗った初の人工衛星であり、もっと大きくてすぐれたもの、ことによるともっと危険なものが現れることを予感させた。スプートニクの耐熱シールドに使用されている合金はおもにアルミニウム（93.8％）のほかマグネシウム（6％）とチタン（0.2％）で構成されていた。

　本書にのせた元素や鉱物の多くに比べれば、チタンはごく最近になって発見されたものである。チタンがはじめて分離されたのは18世紀末だが、チタン金属が生産されたのは20世紀への変わり目の頃にすぎない。しかし、その方法では時間と費用がかかり、少量しか生産できなかった。19世紀中頃のアルミニウムと同じように、チタンは実用的な用途に使うにはあまりに高価なうえ希少で、科学的興味の対象でしかなかった。しかし、1940年にクロール法によってようやく大量に比較的手ごろな価格でチタンを入手できるようになった。

　第2次世界大戦中にドイツの先導で、ロケットおよびミサイル技術の夜明けがやってきた。そして戦後すぐにアメリカとソ連が追いつき、ドイツとイギリスによって最初のジェット戦闘機が開発されて、戦勝国である連合国は民生および軍事利用への導入を急いだ。こうした技術開発により、鋼より強いがずっと軽いチタンは非常に魅力のある材料になった。チタンとその合金の開発をリードしたのが

現代の金属
チタン金属は20世紀にはじめて作られた。

198　世界史を変えた50の鉱物

はじめて宇宙へ
スプートニク１号の耐熱シールドにはチタンが0.2％含まれていた。

世界の頂点
ガガーリンはチタンを使ったボストーク１号で地球を周回した。

ソ連で、航空宇宙計画や原子力潜水艦にチタンを使用した。

1961年４月、チタンを使ったふたつ目の宇宙機であるボストーク１号でユーリー・ガガーリン（1934-68）が人類ではじめて地球を周回し、またしてもソ連が宇宙一番乗りを果たした。宇宙でのソ連のリードはゆるぎないものに見え、それに刺激されてジョン・F・ケネディ（1917-63）がアメリカは1960年代末までに月へ人間を着陸させると約束した。宇宙開発競争が本格的に始まり、それには宇宙機が必要で、チタンの使用量が増すことになった。アポロ計画はこの金属がなくてもおそらく月に到達していただろうが、もっと長くかかり、その過程でもっと多くの事故が起こっていただろう。1970年代以降、ロシアのソユーズ、アメリカのシャトル、太陽系の惑星を調査するために送られた無人探査機、国際宇宙ステーションなど、重要な宇宙機はどれも構造部材やエンジンの構成部品にチタンの部品を使用している。

塗装された小惑星

2002年９月、あるアマチュア天文家が、地球周回軌道上に正体不明の物

「再建できます」

◆

1970年代にアメリカで放送されたテレビドラマシリーズ『600万ドルの男』の主人公は、飛行機の墜落事故のあと文字どおり再建された。彼は左目、右腕、両足の移植により超人的な能力を得る。しかし、移植された組織が何でできているのか、このテレビ番組では明かされない。1970年代にはこの番組で描かれた技術は純粋にサイエンス・フィクションだったが、最近の医学、電子工学、材料科学の発達で、おそらくそう遠くない将来にこのバイオニック・マンの移植組織に匹敵するものができるだろう。ただし、きっと600万ドルを大幅に上まわる費用がかかるだろうが。その強度、生物学的に不活性であること、耐腐食性が理由で、チタン（あるいはアルミニウムまたはアルミニウムおよびバナジウムとのチタン合金）は、損傷を負った骨や関節の修復や代替に使われている。また、この金属は心臓の人工弁、ペースメーカー、歯科インプラントの製造にも使用されている。

チタン　199

タイタンの金属
この金属の名称は、マルティン・クラプロートが神話のタイタンにちなんで命名した。

ハイテク被覆
ビルバオ・グッゲンハイム美術館はチタン合金で覆われている。

体を発見した。J002E3と呼ばれるようになったこの物体は、最初は小さな岩石の小惑星だと考えられたが、その軌道は自然の物体にはまったくふさわしくなかった。天文学者は、そう昔でない過去に地球から打ち上げられた宇宙機に違いないと結論した。だが、過去10年間に打ち上げられたものでJ002E3の大きさや軌道に相当するものはなかったため、やはり問題が残った。そして、J002E3のスペクトル分析により、白色の二酸化チタン（TiO_2）――家庭用の白い塗料の製造に使われる顔料――が存在することが判明した。

　元素チタンと同様、二酸化チタンという化合物も発見されたのは比較的最近で、1821年のことである。チタンと同じようにこれも研究室から出なかったのは、量の多少にかかわらず生産がむずかしく、どんな用途であれ実用にはコストが高くつきすぎたからである。しかし科学者たちは、その高い不透明度と白さ、そしてダイヤモンドより高い屈折率に注目した。ノルウェジアン・チタン・カンパニーとアメリカン・チタニウム・ピグメント・コーポレーションがそれぞれ独立して、別の白色顔料である酸化亜鉛と組みあわせることによって、市販用の二酸化チタン塗料を作るのに成功したのが1916年のことである。1921年には、はじめてプロの画家も使うような高品質のチタン白が生産され、有毒な鉛を主成分とする顔料にとって代わった。その高い屈折率を生かした、二酸化チタンのもうひとつの現代的な利用法が、市販されている日焼け止め剤で、酸

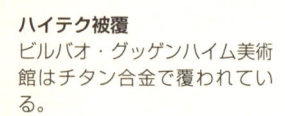

最高機密
チタンを使ったアメリカのX-15スペースプレーン。

チタンおよびチタン合金は、飛行機、ジェット機、ヘリコプター、ミサイル、スペースシャトル、人工衛星の製造に使用されている。これらはみな、離陸、飛行、周回、着陸のときに受ける大きな圧力に耐えることができなければならない。(…)たとえばボーイング777はおよそ58トンのチタン金属を含んでいる。そして世界最大の旅客機エアバスA380はおよそ77トン含んでいる。
グレッグ・ローザ『チタン(Titanium)』(2008)

化亜鉛などの紫外線を吸収する化合物も入っていることが多い。酸化チタンは、ほかの化学物質より炎症を起こしにくいため、肌が敏感な人のための指数の高い日焼け止めに使われている。

宇宙船で通りかかった宇宙人が小型小惑星を白塗りにするとか日焼け止めをスプレーすることにしたというのはありそうにないため（ただし、一部のUFOファンにとっては、おそらくそれもミステリーサークルが宇宙人のしわざだというのと同じくらい信じられることだっただろうが）、科学者たちはさらに昔に打ち上げられた宇宙機や二酸化チタンの塗料が塗られていたと思われる乗り物に目を向けるようになった。そしてついに、J002E3はNASAの2度目の有人月面着陸ミッションで1969年11月に地球を発ったアポロ12号サターンVロケットの3段目であることが明らかになった。この3段目は太陽を回る軌道に乗ったはずだが、司令船および月着陸船から切り離されてから33年後に地球周回軌道へ移ってきたにちがいない。この軌道にいたのは2003年6月までだったが、もう30年たったら戻ってくるかもしれない。

ちょっとかわったフレーム
◆

若いときにロードレースをしていた熱心な自転車乗りの私は、自転車競技で重量が非常に重要な要素であるということを知っている。従来の自転車のフレームは、強度がありながらフレームにある程度の柔軟性をもたせることのできるスチール(鋼)製だった。これは、なめらかな路面を走るロードバイクの場合はおそらくあまり重要ではないだろうが、起伏のある地形とジャンプやくぼみでくりかえしかかる衝撃に対処しなければならないマウンティングバイクにとっては決定的に重要なことである。しかし、スチールは重く、空気と水にさらされると腐蝕する。アルミニウムはずっと軽いが、軟らかすぎるだろう。重量が軽くなるようにスチールの合金を作ることもできるが、近年、最高級の競技用自転車は別のものを使って製造されるようになった。きわめて強いのにスチールよりずっと軽いチタンのフレームである。チタン・フレームはスチール・フレームに比べて径の大きなパイプでできているため、容易に区別できる。スチールやその合金のフレームよりすぐれていることは明らかだが、チタンは加工がずっとむずかしく、かなり値段が高いという欠点がある。

ウラン
Uranium

分類：放射性元素（アクチノイド）
起源：鉱石
化学式：U

◆ 産　業
◆ 文　化
◆ 通　商
◆ 科　学

とぼしい金属
天然ウランは、核兵器に使用するには濃縮しなければならない。

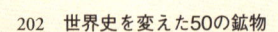

戦争のさしせまった要求がなければ、世界が大恐慌からまさに浮上しつつある1940年代という早い時期に核兵器と原子炉が開発されることはまずなかっただろう。費用だけでもやめる理由になっただろうし、見返りがあるかどうかあまりに不確かだったはずである。関連の深い「プルトニウム」の項で述べたように、長崎を破壊した「ファットマン」については実験が成功していたが、数日前に広島に投下されたウラン爆弾「リトルボーイ」は実験自体実施されなかった。だが結果的には、より多くの人間を殺し、より大きな破壊をもたらしたのはリトルボーイだった。核兵器の拡散をくいとめ、核戦争の危険性について国民を安心させるため、アイゼンハワー大統領は1952年に「平和のための原子力」プロジェクトを立ち上げた。

マンハッタンへの道

歴史的および科学的観点からいうと、最初の核兵器の開発に成功したマンハッタン計画（1942-46）への道はきわめて短かった。原子の構造と放射能の存在は20世紀になるまで知られていなかった。特定の物質が未知の種類のエネルギーを発していることを示す最初の手がかりは、ドイツの物理学者ヴィルヘルム・レントゲン（1845-1923）による1895年のX線の発見である。そして1896年、燐光の研究をしていたアントワーヌ・ベクレル（1852-1908）が、ウラニウム塩の試料を写真乾板の上に置いたところ、接していたところは乾板が黒くなっていたと記録している。これが、のちに「放射線」と呼ばれるようになるものの最初の証拠である。そしてついに1898年、マリー・キュリー（1867-1934）と夫のピエール（1859-1906）がポロニウムとラジウムというふたつの放射性元素を分離した。その後の数十年で、物理学者たちはひとつの元素が素粒子を放出またはとりこむことによって別の元素に変わる「放射性崩壊」の現象を発見していった。

1920年代には、理論物理学者たちは人間の手による核分裂で原子を人工的に分割することが実行可能か議論していた。しかし、皆が確信をもっていたわけではない。1932年にはまだ、アルベルト・アインシュタイン（1879-1955）は核分裂は（従って原子炉と爆弾も）不可能だと言い張ることができた。

死の雲
広島の上空に立ちのぼる原爆の雲。

2年後、イタリアの物理学者エンリコ・フェルミ（1901-54）はもう少しでアインシュタインが間違っていることを証明するところだったが、ローマでウランを使って実験をしているとき惜しいところで核分裂を観測する好機をのがしてしまった。栄誉は、1938年にウランに中性子を照射して実験的に核分裂を確認した、ふたりのドイツ人科学者オットー・ハーン（1879-1968）とフリッツ・シュトラスマン（1902-80）が得ることになる。そして両人は、いったん引き金が引かれると連鎖反応によって核分裂が継続しうることを証明した。原子核の分割によりさらに中性子ができるため、利用できる燃料が使いつくされるまでこのプロセスは続くのである。こうして核分裂により原子炉でエネルギーを生産できるだけでなく、核分裂が爆発的に起こって核分裂性ウランの原子核に閉じこめられている膨大な量のエネルギーが突然放出されることもありうることが証明された。

ハーン、シュトラスマン、フェルミの研究により、連合国より前にナチ・ドイツとその同盟国であるファ

みんなMADになってしまった
◆

うまい名前がつけられたものだが、「MAD」——mutually assured destruction（相互確証破壊）——は、ソ連が1949年に初の核実験をしてから1991年に崩壊するまでの期間、アメリカとその核同盟国であるイギリスおよびフランスの陣営とソ連のあいだに存在した状況をさす言葉である。残念ながら、ソ連が崩壊しても核兵器はなくならなかった。40年の冷戦期間中に、中華人民共和国（1964）、インド（1967）、イスラエル（1969）、パキスタン（1972）、南アフリカ（1979）など、ほかにも多くの国が核兵器技術を取得したのである。拡散を防止する精力的な努力にもかかわらず、最近では北朝鮮が核能力を獲得し、イランもそうひどくは遅れをとっていないと考えられている。何人かの新保守主義の戦略家はこの状況を非難するどころか核の拡散を歓迎し、アメリカとソ連のあいだに42年間平和を維持し、中国の東アジアの近隣諸国に対する侵略を抑止していると言い張ってきた。しかし、MADは核のボタンを押す立場にある人物自身が核兵器を配備するほど狂っていない場合にだけ機能するのであり、政治的イデオロギーや宗教的価値観が私たちとまったく異なるいくつかの「ならず者」国家のリーダーたちについては、いかなる結果も確約できない。

> この新しい現象［ウランの核分裂］はまた爆弾の製造にも通じるでしょう。しかも、非常に強力な新型爆弾が作られることも考えられます――これはあまり確実ではありませんが。この爆弾を船で運び港で爆発させれば、一つで周囲の地域もろとも港をそっくり破壊しつくしてしまうかもしれません。
>
> 1939年8月2日に書かれたアルベルト・アインシュタイン（1879-1955）からフランクリン・D・ローズヴェルト大統領（1882-1945）に宛てた書簡『『シラードの証言』レオ・シラード著、伏見康治・伏見諭訳、みすず書房』

シスト党が支配するイタリアが原子爆弾をもつようになり、その結果、第2次世界大戦のなりゆきと戦後の歴史が変わっていた可能性もある。アドルフ・ヒトラー（1889-1945）が人種差別主義をとってドイツとオーストリアのユダヤ人を迫害し、イタリアでベニト・ムッソリーニ（1883-1945）がそれをまねたことが枢軸国が核兵器をもつ妨げとなったのは、世界にとって幸いだった（関係する科学者にとってはそうではなかったが）。ドイツ、オーストリア、イタリアでこの分野で研究していた指導的な物理学者の多くはユダヤ人か、さもなければヒトラーの反セム族政策に恐怖感をいだいていた。そして、ドイツとイタリアの物理学者の多くが、収容所に拘留されたり死んだりする危険をおかすより、アルベルト・アインシュタインに続いてイギリスやアメリカへ脱出するほうを選んだのである。

ヨーロッパにおける宣戦布告が間近にせまる1939年8月、アインシュタインはすでに核兵器の実用可能性についての意見を変えていた。彼とそのほかの主だった物理学者は、フランクリン・D・ローズヴェルト大統領（1882-1945）に手紙を書いて、ナチが核兵器を作ろうとしていると警告し、アメリカも同じことをするよう説得した。アメリカは日本の真珠湾攻撃後の1941年12月まで参戦をしないが、ローズヴェルトは1941年6月に、のちにマンハッタン計画となる研究計画を開始する大統領令に署名した。

広島への道

核分裂の発見にかかったのが30年という比較的短い期間だったとしても、アメリカ、イギリス、カナダによる兵器化にはたった4年しかかからなかった。これは連合国がこの計画に膨大な資源をつぎこんだことを反映しており、この3カ国の大学や軍事研究施設、民間企業が何十もかかわった。実際的な仕事の大半はアメリカのテネシー州オークリッジ、イリノイ州アルゴンヌ、ワシントン州ハンフォードの3カ所の原子炉施設、そしてニューメキシコ州ロスアラモスの大規模な兵器研究

1回かぎり
爆弾を1個製造できるだけの濃縮ウランしかなかった。

原子を分裂させる理論
アインシュタインをはじめとする物理学者たちの発見が原子爆弾の開発につながった。

施設で実施された。当時としてはほとんど無制限ともいえる20億ドルという予算と、総労働力13万人を使って、1945年までに2種類の核爆弾を作ることに成功した。

　兵器に使用できるほど十分にウランを濃縮するのが困難なため（現在、これと同じ困難にイランが直面しており、70年たっても、イランのあちこちにある地下施設や核施設でマンハッタン計画が再現されている）、ウラン235のリトルボーイは実験することができなかった。この爆弾はのちの核兵器には組みこまれている起爆安全装置がない設計になっており、落雷などの要因がひとつでもあれば核反応が始まっていたかもしれない。リトルボーイは「砲身型」の核分裂爆弾で、装填されている通常の火薬によって臨界以下のウラン235の「弾」を発射し、管を通してウラン235の「的」にあてて核反応の引き金を引く。秘訣は、早まって爆発しないようにふたつのウラニウム塊を離して臨界以下の状態にしておくことにある。

　「プルトニウム」の項で、1868年の大日本帝国の勃興から1941年のドイツとの同盟までをおおまかに説明した。1941年の真珠湾攻撃や翌年のフィリピンとシンガポールの占領など、最初の頃はうまくいっていたが、戦況は徐々に日本にとって不利になりはじめた。真珠湾攻撃後、アメリカは十分に動員し、太平洋、中国、東南アジアの3つの前線で同時に戦っている拡大しすぎた日本軍が消耗して日本へしりぞかざるをえなくなるのは時間の問題だった。しかし、アメ

非核分裂性
天然ウランは核分裂性のウラン235を0.7％しか含んでいない。

最高機密
天然ウランを濃縮している労働者たちでさえ、自分たちが何をしているか正確に教えられていなかった。

> **爆弾が広島上空を落下し爆発すると、街全体が消えるのが見えた。私は記録にこう書いた。「ああ、われわれは何をしたんだ？」**
> ロバート・ルイス大尉（1917-83）、広島に爆弾を投下したB-29の副操縦士

リカ軍もヨーロッパと太平洋のいくつもの前線で戦っていたため、連合軍は日本軍を日本本土へ押しもどすのに3年かかり、何万人もの命を失った。そして、硫黄島（1945年2〜3月）と沖縄（1945年4〜6月）での激戦でアメリカは、女性も子どもも含め最後のひとりまで戦うという日本の宣言がたんなるはったりではないことを知った。

1945年4月にヨーロッパでの戦争がヒトラーの自殺とソ連赤軍によるベルリンの占領で終わった。ドイツの場合、ナチと戦争は不可分に結びついていて、戦争行為の終わりは必然的に政権の終わりを意味していた。これに対し、日本の政治およびイデオロギー的状況はまったく異なっていた。その名のもとに太平洋戦争が戦われてきた天皇制は千年以上の歴史があり、君臨する昭和天皇（1901-89）の役割はヒトラーやムッソリーニの独裁とはまったく異なっていた。戦後、天皇は内気でおとなしい学者で、政治には不向きで無力だったことが明らかになった。天皇の名で統治する政府を率いていたのは、交渉や降伏を受け入れない軍国主義者たちだったのである。彼らは1945年7月のポツダム宣言で連合国側から提示された、本土での日本の主権を保証するかわりに日本の武装解除を要求する降伏条件を拒絶した。

アメリカは、日本がポツダム宣言を拒否し、さらに何カ月も戦闘が続

いてその結果連合国側の命が失われることが見こまれるため、日本への原子爆弾の投下は正当だと主張した。ジュネーヴ会議の非戦闘員を保護する条項が発効したのは戦後の1949年だから、アメリカは広島と長崎を爆撃したとき国際法を破ったわけではなかった。このふたつの爆弾により、爆撃当時、広島で7万人、長崎で4万人が死亡したと推定され、その後の数カ月間で負傷や放射能障害によってさらに多数の死者が出た。破壊規模と失われた命の点では、連合軍が戦争末期の数年に日本とドイツに対して実施した通常火薬と焼夷弾による爆撃に匹敵する。だが、この新兵器の本当に恐ろしいところは、その後数十年にわたって殺人を続けたことにある。2011年8月の時点で、このふたつの爆弾投下が直接の原因で死亡したとされる公式の人数は43万人にのぼっている。

自然のスリーマイル島

◆

　たいていの人が、原子炉はきわめて複雑な機械で、たんなる偶然で組み立てられるようなものではないと、まったく妥当な想像をしているだろう。たとえば自然が自発的にプラズマテレビを作り出すなどとはだれも思わないのと同じだ。しかし、1972年に西アフリカのガボンで、16カ所もの「天然」原子炉の証拠が見つかった。ただし、自然が作り出したのは煙突や制御室をそなえた建物ではない。今からおよそ17億年前に、核分裂性のウラン235をとりわけ豊富に含んだ地下鉱床に地下水が流れこんで、核分裂の連鎖反応の引き金が引かれたのである。天然原子炉によって発生した熱で水が沸騰して乾くと、ふたたび水が補充されるまで反応は止まる。地質学者の推測によれば、原子炉は数十万年のあいだ短期間の爆発をくりかえし、ついにはそれを維持できるだけのウラン235がなくなったのだという。今もそのようなことが起こりうるのだろうか。答えはノーだ。17億年前にはウラン鉱石にウラン235が3.1％（人間が作った原子炉用の燃料と同程度）含まれていたが、同じく自然の放射性崩壊のプロセスにより現在では0.7％にまで下がっていて、自然の核分裂の引き金を引くには少なすぎるのである。

強力な爆発力
ひとつかみの濃縮ウランが通常火薬数千トンに相当する爆発力をもつ。

翡翠(ひすい)

Venefica

分類：変成岩
起源：ヒスイ輝石とネフライト
化学式：
ヒスイ輝石 $NaAlSi_2O_6$、
ネフライト $Ca_2(Mg,Fe)_5Si_8O_{22}(OH)_2$

◆ 産　業
◆ 文　化
◆ 通　商
◆ 科　学

翡翠は外見がよく似た2種類の半貴石鉱物をさす。ひとつはアジア・太平洋地域のネフライト、もうひとつはメソアメリカのヒスイ輝石（ジェダイト）である。この項ではヒスイ輝石、とくに西暦1千年紀のもっとも謎に満ちた文化といってもよい古典期マヤで作られたものに注目する。マヤ族にとって、翡翠は王権と永遠の生命を象徴するものだった。このため、マヤの王は生きているときには翡翠の装飾品で身を飾り、死ぬと翡翠にかこまれて埋葬された。

宇宙人

3世紀中頃から9世紀にかけてメキシコ南部、グアテマラ、ベリーズ、ホンジュラスに住んでいた古典期マヤの人々にかんしてとりわけ印象的なことは、彼らの風習、衣服、信仰がいかに異質に見えるかということで、文字どおり別の惑星からやってきた者(エイリアン)のようなのである。肉体的外見でさえ、わざわざ近隣の人々と違って見えるようにしていた。幼いときに木片のあいだに頭をはさんで頭蓋骨を長くするのが、マヤのエリート層の風習だったのである。古典期マヤがあまりに奇妙なため、この文化とその進んだ天文学の知識をもたらしたのは本当は宇宙人だという人もいる。これは害のない空想のように思えるかもしれないが、一種の人種差別であり、マヤ文明はユーラシアの文化との接触の産物だったのではないかと主張するのと同じくらい侮辱的で有害である。

19世紀中頃に古典期マヤの都市についての報告や描写が北米やヨーロッパに伝えられたとき、アメリカ先住民が独力で高度な文明を築いたということを信じるのを拒否する人々が大勢いた。当時は、宇宙人がやってきたというのではなく、ユーラシアからやってきた貿易商や入植者で説明しようとした。メソポタミア人、イスラエル人、フェニキア人、（インド亜大陸の）インド人、そしてもっとも人気があったのはピラミッドや象形文字で知られる文明、古代エジプトの人々がやってきたのではないかという考えだった。ふた

どちらも翡翠
上：アメリカ大陸のヒスイ輝石。
下：アジア・太平洋のネフライト。

石の偶像
このオルメカの小像のように、ヒスイ輝石はメソアメリカのいたるところで彫像に使用された。

グリーンストーン・ウォーター

◆

　ニュージーランドのマオリ族にとって、この国の南島はテ・ワヒポウナム、訳せば「グリーンストーン・ウォーター」（もっとくだけた言い方をすれば、緑の石の土地）である。ポウナムは現在では緑色のネフライトをさすが、古くは何種類かの硬い緑色の石がこう呼ばれた。ポウナムは彫って道具や武器、装飾にされ、マオリ族の重要な文化財になった。テ・ワヒポウナムを訪れた人なら誰でもするように、私はお土産に緑の石のコルを買った。これはシダの葉を様式化したもので、新しい命と新たな始まり、そして夫と妻や親と子のあいだの絆を象徴している。次に人気があるポウナムの伝統的なデザインはヘイ・マタウすなわち釣り針である。これは、昔からこの国の豊かな海洋資源に依存してきた人々にとって繁栄のシンボルであり、男にせよ女にせよ、海を渡っていくときに身につければお守りになると信じられていた。

つの文化には一見すると類似点があるため、表面的にはそう考えることもできる。どちらの文化も石の浅浮彫りを作って象形文字で囲まれた神聖王や神の絵で覆い、宮殿やピラミッドを建設した。しかし、両地域の文字体系、建築、芸術の様式をざっとでも調べてみれば、両者のあいだにまったく関係がないことが明らかになるはずである。

　古代エジプトと古典期マヤのあいだにはもうひとつ重要な相違がある。エジプトでは、ユーラシアの多くの文化と同様、金をほかのどの鉱物より価値があるとみなして、ファラオを大量の金とともに埋葬したが、マヤでは後古典期（9〜16世紀）になるまでは貴金属を重要視しなかった。古典期マヤでもっ

翡翠　209

不滅のパジャマ
中国の貴族は翡翠の衣を着せられて埋葬された。

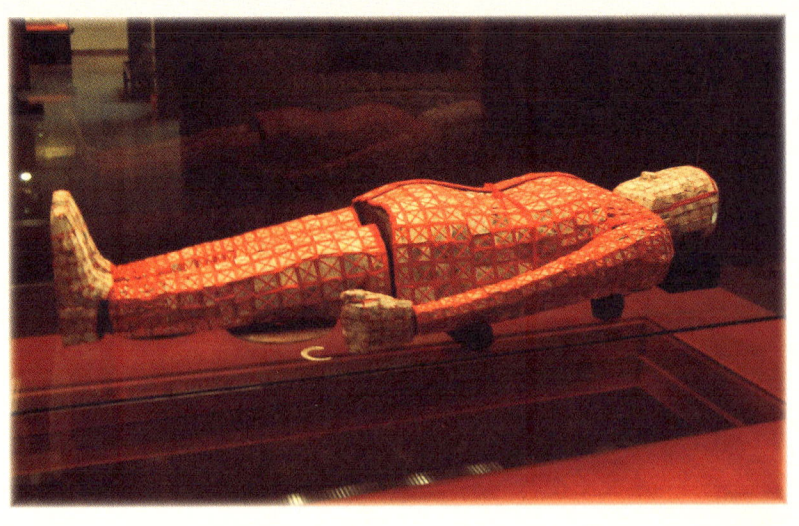

貴石
◆

世界には古典期マヤ以外にも、金より翡翠を高く評価した文化があり、そのひとつが中国である。王朝以前の時代に、中国人は翡翠を彫って円盤状の璧（へき）や管状の琮（そう）などいくつかの抽象的な形にしたが、その正確な機能は不明である。中国人は歴史を通じて翡翠をその固有の美しさゆえに称賛し、さまざまな装飾品を作ってきたが、その硬さ、色、透明感が強さ、美しさ、長寿のような人間の望ましい性質を象徴しているという理由からも翡翠を評価していた。最上級の素晴らしい翡翠の工芸品のいくつかは漢王朝（前206-後220）の時代に作られた。史記によれば、皇帝やそのほかの高い身分の人々を埋葬するときには翡翠の飾り板でできた玉衣を着せる風習があり、飾り板をつなぎあわせる糸は死者の地位によって金、銀、または銅線、あるいは絹糸が使われた。

とも珍重されたのは翡翠で、この場合、ヒスイ輝石と呼ばれる硬いほうの翡翠である。やはり翡翠を称賛した重要な文化が東アジアにもあり、それは中国である。マヤでも中国でも翡翠で儀式用の品や装飾品を作り、この鉱物はどちらの文化でも埋葬の風習で重要な役割を果たした（左のコラム参照）。しかし、私の知るかぎりこのふたつの文化が関係をもったことはない。ただし、先史時代についていえば、アメリカ大陸に最初に定住した人々はおよそ２万年前にアラスカの陸橋を通ってやってきたのだから、ユーラシアとアメリカ大陸は東アジアを通して深く結びついているといえる。

失われたのではなくて忘れられた世界

イタリア南部のローマ時代の町ポンペイのような場合は別として、都市のような大きなものを失うのはそう簡単に起きることではない。ポンペイは突然、何百万トンもの火山灰と軽石の下に埋まった。この都市が消滅してからも、人々はポンペイがどこにあって何が起こったかラテン語の書物から知ることができた。マヤの都市が「失われ」、そして「再発見」されたと述べるのは、ヨーロッパや北米の学者の思い上がりである。植民地支配を始めて何十年もたたない頃から、スペイン人入植者はメキシコのパレンケやホンジュラスのコパンなど、古典期

の遺跡をいくつも知っていたが、カトリック教会や植民地支配当局はマヤの文化と宗教の根絶をめざしていたため、先住民の輝かしい過去について調査や研究をすることを奨励しなかった。さらに、この地域の住民は熱帯雨林の中にある廃墟になった宮殿やピラミッドについて知っていたはずである。しかし、19世紀によくあったように、巨大な湖や滝の位置、有名な川の源流、あるいは失われた都市の位置についての地元の情報は無視されたのである。

トリコロール
3色の翡翠。

孤立していたベリーズのラマナイの遺跡は例外として、古典期マヤの都市はすべて9世紀に放棄され、世界の考古学でもきわめて難解な問題をマヤ研究者につきつけている。マヤ族はしばしば生態学的に非常に不利な地域に都市を作った。たとえばグアテマラのペテン県にあった大都市ティカルは湿地と多雨林の真ん中に築かれ、この地域にははっきりした利点がほとんどなかった。とくにその場所は乾季にあてにできる自然の水がなかったため、雨水を巨大な貯水池網に集め貯蔵して都市を維持しなければならなかった。しかし、絶頂期にはこの都市とその郊外域の人口は8～12万人に達したと考えられている。

マヤ文明の消滅を説明しようとする生態学的崩壊説はいつまでもおとろえず、きわめてもっともらしいが、実際には何世紀ものあいだ集約的な農業手法によって高い人口密度がうまく維持されていたのである。そして、永続的な水の供給、比較的低い人口密度、肥沃な土壌といった点で生態学的に有利だった都市にも、崩壊のときはやってきた。このため、その過程で生態学的な要因が重要な役割を果たしたにちがいないが、それは原因の一部でしかない。マヤ研究者は、そのほか考えられる説明としてマヤのエリート層を倒した小作農の革命、旱魃、疫病、外国の侵入などをあげている。

翡翠の王
古典期マヤの人々にとって翡翠は金より貴重だった。

翡翠

翡翠の神

　先頃、ウォール街やロンドンのシティで起こった抗議行動が、今の社会にある社会的不平等をはっきりとしたかたちで示したとしても、マヤのエリート層と彼らを支える一般人のあいだの社会的へだたりに比べれば、その不平等はとるにたらないものである。ビル・ゲイツは銀行に何十億ドルも預けているかもしれないが、彼もいずれは死ぬ人間であり、地球上の残りの70億人の人間と違わないということをみんな知っているのである。多くの文化で支配者が神格化されたが、古典期マヤに比べればたいしたことはない。先古典期からから古典期にかけて王権が強まり、支配者とその広義の近親者集団はしだいに被支配者から遠ざかっていった。彼らは不規則に広がるマヤの都市の中心をなす儀式センターに住んでいた。ティカル、パレンケ、カラクムル、コパンにある構造物の多くが「宮殿」と呼ばれるが、住居と執務所の機能をあわせもっていた。とくにティカルを訪れた人は、なぜこの宮殿の狭苦しくて暗くじめじめした風通しの悪い部屋に住みたがるのだろうと不思議に思うにちがいない。

　マヤの統治者は神々や祖先の神聖な世界との仲介者であるだけでなく、彼ら自身神聖な存在だった。神々とマヤ文明を築いた文化英雄たち

> 古代マヤ人にとって翡翠はもっとも貴重な石で、翡翠の彫刻は石細工の最高傑作である。マヤの翡翠の鉱物学的研究により、中国の翡翠としてもっとも一般的なネフライトとは化学組成が異なるヒスイ輝石であることが明らかになっている。
> ロバート・シェアラーとロア・トラクスラー『古代マヤ（The Ancient Maya)』（2006）

死者のマスク
マヤのパカル王は素晴らしい翡翠のマスクとともに埋葬された。

の生ける化身なのである。そして、彼らの神性の目に見えるシンボルが翡翠だった。緑のヒスイ輝石は、（トウモロコシがマヤ人の主食だったため）マヤの神々のなかでも重要なトウモロコシの神と、そして植生全般や再生と結びつけられた。その歴史の大半の期間、マヤ人は金属の道具をもたず、彼らの最大の技術的成果であるヒスイ輝石──2種類ある翡翠の硬いほう──の彫刻と研磨も、ロープソー、木と骨の錐、天然の研磨剤で行なった。こうした原始的な材料の道具で、金属の道具を利用できた中国の職人にひけをとらないものを作ったのである。

すでに述べたように、建築、とくにピラミッドのデザインに目に見える違いがあることから、マヤ研究者はエジプトとマヤのあいだの関連性の可能性を否定している。険しい側面をもつマヤのピラミッドは神殿の基壇であり、神殿へは階段で行けるようになっていて、バビロニアのジッグラトに似ているが、これに対してエジプトのピラミッドは多くが幾何学でいう直角錐の形をしていて、墓として建てられたものである。しかし、マヤのピラミッドには墓がないという主張は、1952年に碑文の神殿と呼ばれるピラミッドのなかでパレンケの都市の支配者キニチ・ハナーブ・パカル1世（603-83）の墓が発見されたことでくつがえされた。そのほかのマヤの遺跡におけるその後の考古学的発見から、その行為はごく一般的であることが確認されたが、王が埋葬されているときでも、ピラミッドは主として神殿として機能した。

パカルが死ぬと、周囲に翡翠、ビーズ、宝飾品といった副葬品が置かれ、顔は翡翠のマスクで覆われた。このように多くの翡翠があることは、支配者の神としての再生を象徴している。神殿の下に収容されたことは、キリスト教で復活の日のために死者を神の近くにいられるように教会の構内に埋葬するのとは異なる。パカルはすでに神になったのであり、彼の子孫は墓とその上の神殿とを結ぶ細い管「サイコダクト」を通して彼と対話できる。

墓のある神殿
パカル王の墓が碑文の神殿の下で発見された。

胸あて
翡翠の装飾は生者のためにも、死者のためにも作られた。

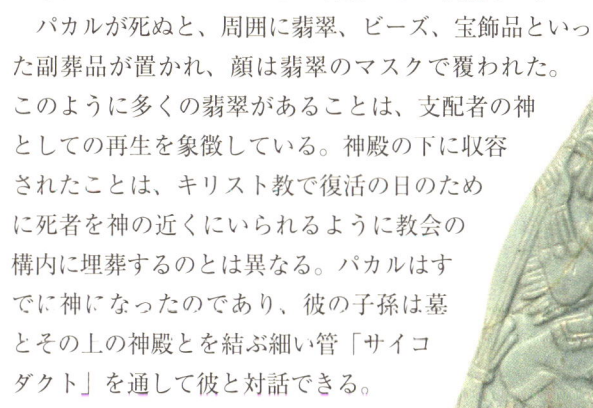

翡翠　213

タングステン
Wolfram

分類：遷移金属
起源：鉄マンガン重石およびその他のタングステンを含有する鉱石
化学式：W

◆ 産　業
◆ 文　化
◆ 通　商
◆ 科　学

19世紀末に商品化され、20世紀の最初の10年で完成された白熱電球は、日常生活を一変させた。かつては蝋燭やオイルランプ、ガス灯でぼんやりと照らされ、いつも火事と爆発の危険にさらされていた家の中が、それまでになく明るく安全になったのである。現代の電球のきわめて重要な要素がタングステン・フィラメントで、これによってより明るく寿命の長い電球ができた。

燃える問題

年配の人たちが「白熱電球」について話すとき、21世紀初頭に生まれた子どもたちは、ちょうど祖父母や両親が古きよきLPレコードやカセットテープについて思い出を語るときに私たちがするように、憐れむような目で見るだろう。今後10年以内に世界の大部分で白熱電球が段階的に廃止され、子どもたちにとって家庭の照明は、ガラス球の中にフィラメントが入った従来のものとは似ても似つかない、管がリング状やらせん状になったコンパクト型蛍光ランプによるものになるだろう。

イギリスはほかのEU加盟国とともに白熱電球の削減を2009年に開始したが、高エネルギーの電球を使う神から与えられた権利が侵害されているという不満の声がすでに聞こえている。しかし歴史をみると、はじめてタングステン・フィラメントが導入されたのがちょうど100年前だから、その権利はごく最近のものである。私たちの本当の先祖伝来の灯火は、何千年も使われたオイルランプと蝋燭である。産業革命は、家庭や職場、都市にふたつの新しい照明方法をもたらした。石油を蒸留して作られる灯油と、石炭から生産される都市ガスである。これらの物質の欠点は裸の火に頼ることで、あまり明るくならず、空気を汚染し、場合によっては爆発した。

硬い金属
◆

タングステン・カーバイドあるいはたんにカーバイドと呼ばれるタングステンと炭素の合金（WC）は、今日使われている合金のなかでもきわめて硬い合金のひとつで、モース硬度が8.5〜9（ダイヤモンドが10）である。硬く融点が高い（2870℃）ことから、ドリルの刃先、あるいは炭素鋼やステンレス鋼の加工に使用される高性能加工器具に適している。カーバイドの2番目に重要な利用場面は、第2次世界大戦以降、戦車その他の装甲車両を攻撃する小火器や航空機の銃弾として使用されている装甲貫通弾である。

安全ランプ

よくトマス・エディソン（1847-1931）が電球を発明したといわれるが、電球の開発に貢献した20人以上の発明家や科学者のひとりにすぎない。はじめて実験で原理が実証されたのは1802年で、イギリスの化学者ハンフリー・デーヴィー（1778-1829）が白金線に電流を通したが、それを包む保護用のガラス球はなかった。デーヴィーの点灯実験は科学的興味から行なわれたにすぎず、商業目的ではなかった。発生した光はあまり明るくなく、白金フィラメントは高価ですぐに燃えつき、実験が行なわれたのは大規模な発電が技術的に可能になるかなり前のことだった。

エディソンの非凡なところは、電球の発明ではなく商業化に成功したことにある。たしかにエディソンはよいものを作った。炭化させた竹のフィラメントを使った電球は1200時間光ることができ、おおかたのライバルより明るく長続きしたのである。だが、100ワットの白熱電球が世界に出まわるまでには、さらにいくつもの段階をへなければならなかった。1904年、あるハンガリーの会社がはじめてカーボン・フィラメントをしのぐタングステン・フィラメントを生産した。そしてついに1906年、ゼネラル・エレクトリック（GE）社のウィリアム・クーリッジ（1873-1975）が「延性タングステン」を開発し、ワイヤーを小さなばねのようにきつく巻くことができるようになった。これによってフィラメントの寿命が延びただけでなく、ずっと明るい光を発生できるようになったのである。最後の改良点は電球に不活性ガスを封入することで、これにより電球の明るさが増し、黒変が減った。1914年にはGEのタングステン・フィラメント電球は市場トップの座を占め、どのライバル製品より長もちし多く売れた。

ひらめき
エディソンは電球を商品化したが、炭素フィラメントを使っていた。

安らかに眠れ
タングステンを使った100ワットの白熱電球。

［電球の］フィラメントの壊れやすさはきわめて重大な問題だった。（…）タングステンが理想的に思えたが、1884〜1909年にタングステンに十分な延性を与える方法が探索されたものの失敗に終わった。ようやく1909年にアメリカでクーリッジがスエージ加工と焼結で延性を与える方法を見つけた。

ウィリアム・オーディ『照明の社会史（The Social History of Lighting）』（1958）

タングステン　215

亜鉛
zink

分類：遷移金属
起源：閃亜鉛鉱および亜鉛を含有する鉱石
化学式：Zn

◆ 産　業
◆ 文　化
◆ 通　商
◆ 科　学

残り少ない
世界の亜鉛資源は2055年までに枯渇してしまうかもしれない。

古くから亜鉛は銅と合金にされて真鍮が作られ、装飾、武器、硬貨、容器の製造に使用された。金属亜鉛の現代のもっとも一般的な利用法が、ガルヴァニゼーションと呼ばれる方法による鉄や鋼の腐蝕からの保護である。ガルヴァニゼーション自体は1800年に行なわれたある生物実験の産物で、この実験は最初の電池の発明につながった。

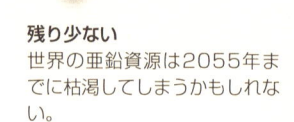

電池をもつカエル

ときには科学的な発明がありそうにもないきっかけでなされることがあるが、かなり風変わりなものに位置づけなくてはならないのがアレッサンドロ・ヴォルタ（1745-1827）による電気化学セル（電池）の発明で、同時代の科学者ルイジ・ガルヴァーニ（1737-98）がカエルの脚に対して行なった実験がきっかけとなった。物語にはいくつかのヴァージョンがある。ガルヴァーニが死んだカエルの脚に外部電流を通していて、痙攣しはじめたのに気づいたというもの。銅の鉤にかけられたカエルの脚を鉄のメスで切開していて、やはり脚が痙攣したというもの。あるいは、カエルの脚の露出した神経に金属のメスで触れて死んだ筋肉に収縮を起こさせたのは、ガルヴァーニの助手だったというものである。いずれが正しいにしても、ガルヴァーニは動物の組織は「動物電気」を含んでいると結論づけた。

電気学者
電池の発明者、ヴォルタ（左）とガルヴァーニ（右）。

この偶然の実験のことを聞いたヴォルタは、まったく別の結論にいたった。カエルの脚は電気を含んでいるのではなく、たんに電気を伝導したのであり、ガルヴァーニが認めた電気の効果は、そこにあったふたつの金属のあいだの反応がカエルによって促

亜鉛の薄い被覆が鋼を錆びから守るのに利用される。これはガルヴァニゼーションと呼ばれる。亜鉛は鉄や鋼と空気のあいだに保護膜を形成する。亜鉛の一部が削り落とされても、周囲の亜鉛が下の鋼を保護する。　　　レオン・グレー『亜鉛（Zink）』（2006）

進されたことにより起こったという説を立てたのである。この説を証明するため、ヴォルタは最初の電池を組み立てた。「ボルタの電堆(でんつい)」と呼ばれるこの装置は、テレビのリモコンやトランジスタラジオに入れられるようなものではない。1800年にはじめて作られたこの電堆は、亜鉛と銅の円板を交互に積み重ね、それぞれのあいだに塩水で湿らせたボール紙をはさんだものだった。円板は電極で、塩水は電解液、つまり電気の導体である。一番上の円板と一番下の円板を電線でつなぐと、電堆を電流が流れた。

乾いた電気

その後の80年間、発明家たちはボルタの「湿」電池の設計を改良し、金属を変えて実験した。亜鉛は定着し、1836年のダニエル電池、1844年のグローブ電池、1866年のルクランシェ電池でも使われた。そしてついに1886年、カール・ガスナーが電解液に石膏を混ぜてペースト状にし、亜鉛の容器をマイナス極、二酸化マンガンを含む炭素粉をプラス極として使った初の乾電池の特許をとった。亜鉛-炭素電池は今日でもまだ使われており、もっとも安価に製造でき、「乾電池入り」と書いてあるパッケージに製品とともに入っているのはたいていこれである。

現代版では、電池の外側の筒が亜鉛でできていて底が金属板となっており（マイナス極）、二酸化マンガンにおおわれた炭素棒を電解液にあたる塩化アンモニウムのペーストがとりまき、炭素棒は電池の上側の金属キャップ（プラス極）に接続している。今日でもまだいくつかあるガスナーの電池の改良版、つまりここで説明した亜鉛-炭素電池、おそらく読者のみなさんが家電製品で使っているごく一般的なアルカリ（亜鉛-二酸化マンガン）電池、最高仕様のオキシ水酸化ニッケル（亜鉛-二酸化マンガンおよびオキシ水酸化ニッケル）電池を購入することができる。

慰めにもならない

◆

サプリメントの世界は完全に主張の応酬の場となっている。一方の側には広範な健康増進という恩恵があると断言する支持者が、他方には健康的でバランスのとれた食事をすればサプリメントは必要なく、サプリメントの約90％は体から排出されるからアメリカ人の尿は世界一高価だと反論する反対者がいる。一方、アメリカ政府の食品サプリメント局によれば、亜鉛のサプリメントを飲んでも、風邪の期間が短くなるだけで、症状が軽くなるわけではないという。亜鉛は、代謝において重要な役割を果たす必須栄養素で、体内で鉄に次いで2番目にありふれた金属である。精液はとりわけ亜鉛に富み、このことから、ほかのどんな食品より多く亜鉛を含み、おまけに催淫性があるとされているカキが新たに注目されている。

高エネルギー
世界初の電池、ボルタの電堆。

参考文献

Bernstein, Peter (2004) *The Power of Gold: The History of an Obsession*, Hoboken, NJ: John Wiley & Sons
- ピーター・バーンスタイン『ゴールド──金と人間の文明史』、鈴木主税訳、日本経済新聞社

Chaline, Eric (2008) *Traveller's Guide to the Ancient World: Greece in the Year 415 BCE*, London: David&Charles

Chaline, Eric (2009) *History's Worst Inventions and the People Who Made Them*, New York: Fall River Press

Chaline, Eric (2011) : *History's Worst Predictions and the People Who Made Them*, London: History Press

Chaline, Eric (2011) *Fifty Animals That Changed the Course of History*, London: David&Charles

Chen, Ke Lun (2003) *Chinese Porcelain: Art, Elegance, and Appreciation*, San Francisco, CA: Long River Press

Cirincione, Joseph (2008) *Bomb Scare: The History and Future of Nuclear Weapons*, New York: Columbia University Press

Clark, Claudia (1987) *Radium Girls: Women and Industrial Health Reform, 1910-1935*, Chapel Hill, NC: University of North Carolina Press

Cobb, Cathy and Goldwhite, Harold (2001) *Creations of Fire: Chemistry's Lively History from Alchemy to the Atomic Age*, London: Basic Books

Collis, John (1984) *The European Iron Age*, New York: Schocken Books

Cooke, Stephanie (2009) *In Mortal Hands: A Cautionary History of the Nuclear Age*, New York: Bloomsbury
- ステファニー・クック『原子力 その隠蔽された真実──人の手に負えない核エネルギーの70年史』、藤井留美訳、飛鳥新社

Cooper, Emmanuel (2010) *Ten Thousand Years of Pottery*, Philadelphia, PA: University of Pennsylvania Press

Crump, Thomas (2007) *A Brief History of the Age of Steam: From the First Engine to the Boats and Railways*, Philadelphia, PA: Running Press

Del Mar, Alex (2004) *A History of Precious Metals from the Earliest Times to the Present*, Whitefish, MT: Kessinger Publishing

Drew, David (1999) *The Lost Chronicles of the Maya Kings*, London: Wiedenfeld & Nicolson

Drews, Robert (1995) *The End of the Bronze Age: Changes in Warface and the Catastrophe ca. 1200 BC*, Princeton, NJ: Princeton University Press

Durand, Françoise, Lichtenberg, Roger, and Lorton, David (2006) *Mummies and Death in Egypt*, Ithaca, NY: Cornell University Press

Enghag, Per (2004) *Encyclopedia of the Elements: Technical Data, History, Processing, Applications*, Hoboken, NJ: John Wiley & Sons
- ペル・エングハグ『元素大百科事典』、渡辺正監訳、西原寛ほか訳、朝倉書店

Gordon, Andrew (2010) *A Modern History of Japan: From Tokugawa Times to the Present*, New York: Oxford University Press USA
- アンドルー・ゴードン『日本の200年──徳川時代から現代まで』、森谷文昭訳、みすず書房

Gray, Leon (2005) *Zinc*, London: Marshall Cavendish

Gray, Theodore and Mann, Nick (2009) *The Elements: A Visual Exploration of Every Known Atom in the Universe*, New York: Black Dog & Leventhal Publishers
- セオドア・グレイ『世界で一番美しい元素図鑑』、武井摩利訳、創元社

Gruber, Nicholai (ed.) (2000) *Maya: Divine Kings of the Rain Forest*, Cologne: Könemann

Hally, Cally (2002) *Smithonian Handbooks: Gemstones*, London: DK Adult

Havilland, W. et al (2010) *Anthropology: The Human Challenge*, Andover, Hants: Cengage Learning

Heinberg, Richard (2005) *The Party's Over*, Forest Row, East Sussex: Clairview Books

Hodder, Ian (2006) *Çatalhöyük: The Leopard's Tale: Revealing the Mysteries of Turkey's Ancient Town*, London: Thames & Hudson

Johnsen, Ole (2002) *Minerals of the World*, Princeton, NJ: Princeton University Press

Keay, John (2000) *India*, London: Harper Collins

Kurlansky, Mark (2003) *Salt: A World History*, New York: Penguin

MacDonald, William (2002) *The Pantheon: Design, Meaning and Progeny*, Cambridge, MA: Harvard University Press

Macfarlane, Allan and Martin, Gerry (2002) *Glass: A World History*, Chicago, IL: University of Chicago Press

Morley, Neville (2007) *Trade in Classical Antiquity*, Cambridge: Cambridge University Press

Moss, Norman (2000) *Managing the Planet*, London: Earthscan Publications

Partington, James (1999) *A History of Greek Fire and Gunpowder*, Baltimore, MD: Johns Hopkins University Press

Pellant, Chris (2002) *Rocks and Minerals (Smithsonian Handbooks)*, London: DK Adult

Peltason, Ruth (2010) *Living Jewels: Masterpieces from Nature: Coral, Pearls, Horn, Shell, Wood & Other Exotica*, New York: Vendome Press

Ponting, Clive (2005) *Gunpowder*, London: Chatto & Windus

Prescott, William and Foster Kirk, John (2004) *History of the Conquest of Mexico*, New York: Barnes & Noble Publishing

Rapp, George (2009) *Archaeomineralogy*, London: Springer

Raymond, Robert (1986) *Out of the Fiery Furnace: The Impact of Metals on the History of Mankind*, Philadelphia: Pennsylvania State University Press

Rosa, Greg (2008) *Titanium*, New York: Rosen Central

Schoff, W.H. (ed.) (1912) , *The Periplus of the Erythraean Sea: Travel and Trade in the Indian Ocean by a Merchant of the First Century*, New York: Longman's Green and Co

Schumann, Walter (2008) *Minerals of the*

World, 2nd ed., New York: Stirling

Simmons, Allan (2011) *The Neolithic Revolution in the Near East*, Tuscon, AZ: University of Arizona Press

Stimola, Aubrey (2007) *Sulfur*, New York: Rosen Central

Thomson, Charles (2002) *Alchemy and Alchemists*, Mineola, NY: Dover Publications

Turrell, Kerry (2004) *Tungsten*, Glasgow: Benchmark Books

Vyshedskiy, Andrey (2008) *Three Theories: Uniqueness of the Human Mind, Evolution of the Human Mind, and the Neurological Basis of Conscious Experience*, Boston: Mobile Reference

Wetherford, Jack (1998) *The History of Money*, New York: Three Rivers Press

Weightman, Gavin (2010) *The Industrial Revolutionaries: The Making of the Modern World 1776-1914*, New York: Grove Press

Wilson, Arthur (1994) *The Living Rock: The Story of Metals Since Earliest Times and Their Impact on Civilization*, Cambridge: Woodhead Publishing

英文ウェブサイト

アメリカ自然史博物館
www.amnh.org

大英博物館
www.britishmuseum.org

石炭および採炭
www.cmhrc.co.uk

環境保護局
www.epa.gov

食品医薬品局
www.fda.gov

地質学オンライン
www.geology.com

被爆者（広島と長崎の原爆犠牲者）
http://wn.com/Hibakusha

アルミニウムの歴史
www.historyofaluminum.com

国際原子力機関
www.iaea.org

鉱物と産地のデータベース
www.mindat.org

マヤの世界
www.mayadiscovery.com

NASA
www.nasa.gov

ナショナルジオグラフィック
www.nationalgeographic.com

自然史博物館
www.nhm.ac.uk

フェニキア・オンライン
www.phoenicia.org

コロンブス到来以前の翡翠
www.precolumbianjade.com

水晶のページ
www.quartzpage.de

ローマ帝国オンライン
www.roman-empire.net

歴史と塩
www.saltinstitute.org

科学博物館
www.sciencemuseum.org.uk

スミソニアン協会
www.si.edu

国連環境計画
www.unep.org

アメリカ地質調査所
www.usgs.gov

ウィキペディア
www.en.wikipedia.org

世界保健機構
www.who.int

索引

A〜X

Adamas 8–11
Aes Brundisium 16–21
Aes Cyprium 12–15
Alabastrum 22–3
Alumen 24–5
Aluminum 26–9
Amiantos 30–3
Anbar 34–7
Argentum 38–43
Argilla 44–7
Arsenicum 48–51
Asphaltos 52–5
Aurum 56–63
Calx 64–5
Carbo carbonis 66–71
Corallium 72–3
Eburneus 74–9
Esclate 80–1
Ferreus 82–9
Gaoling 90–3
Graphit 94–5
Gypsatus 96–9
Hydrargyrum 100–3
Kalium 104–5
Marmor 106–9
Nakara 110–3
Natrium 114–19
Obsidianus 120–5
Ochra 126–7
Petroleum 128–35
Phosphorus 136–9
Platinum 140–1
Plumbum 142–5
Plutonium 146–9
Pumiceus 150–1
Quartzeus 152–3
Radius 154–7
Sabulum 158–63
Sal petrae 164–9
Salio 170–5
Silex 176–81
Stahl 182–7
Stannum 188–91
Sulphur 192–5
Talq 196–7
Titanium 198–201
Uranium 202–7
Venefica 208–13
Wolfram 214–15
Zink 216–17

ア〜オ

アイボライト　78
アインシュタイン、アルベルト　149, 154, 202, 204
アウグスト2世強健王　90
亜鉛　216–7
アクア・トファーナ（トファーナ水）　50
アクチノライト　31
アクロポリス、アテネ　106–9
アジャンクールの戦い　182–6
アステカ（メシカ）　59–62, 87, 120–5, 140
アスファルト　52–5
アスベスト　30–3
アッシャー、ヨーゼフ　9
アッシャー大主教、ジェイムズ　176
アッティラ、フン族　38
アテネ／アテナイ　38–9, 41–3, 106–9
アフィントンの白馬、オックスフォードシャー州　65
アモサイト　31
アラバスター　22–3
アルバート公　11
アルマデーン、スペイン　103
アルミニウム　26–9
アレキサンデル3世、教皇　30
アレキサンデル6世、教皇　50
アレクサンドロス大王　38, 40, 47
アンソフィライト　31
アンダーク　156–7
イアソンと金の羊毛　57
硫黄　192–5
イヌイット族　86
イメステ（神）　23
インカ　60, 62, 87, 140
インダス文明　197
ヴィクトリア女王　9
ウィツィロポチトリ（神）　123
ウィルソン、アーサー　141
ウィルミントンのロング・マン、イーストサセックス州　65
ウェスト、メイ　9
ウェルズ、フレデリック　8
ヴォルタ、アレッサンドロ　216
ウカシェヴィチ、イグナツィ　131
ウガリット、シリア　82
海の民　82–4
ウラン　202–7
エカテリーナ宮殿　36
エッツィ、アイスマン　13–5
エッフェル塔、パリ　84
エジソン、トマス　215
エドワード7世、イギリス国王　9
エプソム塩　195
MAD（相互確証破壊）　203
エリザベス2世、イギリス女王　9
エリュトゥラー海案内記　110
エルー、ポール　28
エルギン・マーブルズ　106–9
エルステッド、ハンス・クリスティアン　27
エルドラド　59
エレクテイオン、アテネ　108
エングハヴ、ペル　137
鉛筆　95
黄銅（真鍮）　21
オーカー　126–7
オッペンハイマー、J・ロバート　148–9
オリスカニー、空母　73
オルドヴァイ仮説　134–5
オルドワン型石器　152, 179

カ〜コ

カオリン 90-3
ガガーリン、ユーリー 199
カーク、ジョン 124
ガスナー、カール 217
鐘 18, 21
カプーア、アニッシュ：クラウド・ゲート 186
火薬 164-9
ガラス 158-63
カリウム 104-5
カリウム明礬 25
カリナン・ダイヤモンド 8-9
カリニコス 54
ガリレオ・ガリレイ 101, 163
軽石 150-1
ガルヴァーニ、ルイジ 216
カンタレッラ 50
ガンディー、モーハンダース 170, 173-5
気 101, 161
気候の変化 129
ギボン、エドワード：『ローマ帝国衰亡史』 142-3
キュリー、ピエール 155, 202
キュリー、マリー 154-5, 202
玉蟾岩遺跡の洞窟、中国湖南省 44-5
ギリシアの火 54-5, 131
ギルフィラン、S・C 143
金 56-63
銀 38-43
キングストン石炭火力発電所、テネシー州 68
金石併用時代 13-5
クアウテモク 125
クセルクセス1世 39-40, 42
グッドウィン、ジル 25
グーテンベルク、ヨハネス 144
クラーク、クローディア 157
グラファイト 94-5
クラプロート、マルティン 200
クーリッジ、ウィリアム 215
クロシドライト 31

ケツァルコアトル（神） 123
ケネディ、ジョン・F 199
ケベブセヌエフ（神） 23
ゲーベル（アブー・ムーサー・ジャービル・イブン・ハイヤーン） 48
ゲラ・デル・パシフィコ（太平洋戦争） 168
剣 19, 86, 185, 186-7
原子爆弾 148-9
顕微鏡 162-3
コーイヌール 9, 11
硬貨 17, 20, 38, 40, 57
黒曜石 120-5
ゴッホ、フィンセント・ファン 95
古典期マヤ →マヤ
琥珀 34-7
コパル 35
コールダー、アレクサンダー 103
コルテス、エルナン 59, 124-5
コロンブス、クリストファー 56, 59-60

サ〜ソ

サヴィル=ケント、ウィリアム 112
サーンアバスの巨人、ドーセット州 65
珊瑚 72-3
酸性雨 194-5
シェアラー、ロバート 212
シェイクスピア、ウィリアム：『ヘンリー5世』 182
ジェス、クーニー 127
シェーレ緑 49, 51
ジェンネのモスク、マリ 47
塩 170-5
死海 171
磁器 90-3
ジッグラト 46-7
ジャハン、シャー 107
ジャブロンスキー、デイヴィッド 183
シャルルマーニュ（カール1世）、皇帝 30

十字軍 36-7
自由の女神像 15, 84
シュトラスマン、フリッツ 203
硝石 164-9
触媒コンバーター 141
食品保存 190
シリマン、ベンジャミン 131
辰砂 100
真珠 110-3
真珠層 110-3
真珠母 110, 112
秦の始皇帝 100, 101-3
水銀 100-3
錫 16-8, 21, 188-91
スティモラ、オーブリー 193
ストラボン 14
砂 158-63
スペインのコンキスタドール（征服者）／帝国 58-9, 60, 62-3, 87, 120
スペインの無敵艦隊（1588） 94-5
スポード、ジョサイア 93
スレート 80-1
青銅 16-21
青銅器時代 13, 16-21
青銅器時代の崩壊 21, 82-3, 86-7, 100
聖ヨハネ騎士団 37
石英 152-3
石炭 66-71
石油 128-35
石器時代 178-81
石鹸 104-5
石膏 64, 96-9
石膏アラバスター（雪花石膏） 98-9
セティ1世：石棺 23
セポイの反乱 171
セルロイド 77
象牙 74-9
曽侯乙 18
創造説 176-7
ゾロアスター教 40

索引 221

タ〜ト

ダイク、アンソニー・ヴァン 111
ダイヤモンド 8-11
大理石 106-9
ダーウィン、チャールズ 51
タージマハル 107
タメルラン（ティムール） 171
タルク 196-7
ダレイオス1世、ペルシア王 39
ダレイオス3世、ペルシア王 38
タワス 25
ダンカン、リチャード：オルドヴァイ仮説 134-5
タングステン 214-5
ダントルコール、グザヴィエ 92-3
チタン 198-201
チャタルヒュユク、トルコ 18, 125
チャールズ1世、イングランド王 111
チュートン騎士団 37
チョーク 64-5
チルンハウス、エーレンフリート・フォン 90-1
ツタンカーメン、ファラオ 36, 114, 116, 119
ディオドロス・シクロス 191
ディオニュソス（神） 153
ティカル、グアテマラ 211-2
ディケンズ、チャールズ 80
ティムール（タメルラン） 171
テイラー、エリザベス 113
デーヴィー、ハンフリー 27, 215
テスカトリポカ（神） 123
鉄 82-9
鉄器時代 20
テミストクレス 42
デュポン、オハイオ州デイトン 145
電解質 172
電池 216-7
テンプル騎士団 37
銅 12-5, 18-9
ドゥアムテフ（神） 23
洞窟画 127
豆腐 97

灯油 131
土器 44-5
トト（神） 22, 117
トファーナ、ジューリア 50
トムセン、クリスチャン 20
トラクスラー、ロア 212
トラロク（神） 123
トリチェリ、エヴァンジェリスタ 101
ドルーズ、ロバート 21
ドルニ・ヴェストニツェ、チェコ 44-5
トレモライト 31

ナ〜ノ

内燃機関 132-3
ナウル 139
長崎 148-9, 202, 207
ナッシュ、ジョン 109
ナトロン 114-9
ナポレオン1世、皇帝 37, 49, 62, 94
ナポレオン3世、皇帝 28, 113
鉛 142-5
ニーヴン、リック 145
二酸化チタン 200-1
日本刀 185
ニュートン、アイザック 103
粘土 44-7
喉あて 81

ハ〜ホ

ハイアット、ジョンとアイゼイア 77
媒染剤 24
ハイポコースト 71
ハヴィランド、ウィリアム 179
銅 182-7
パカル、キニチ・ハナーブ 213
パークス、アレグザンダー 77
白熱電球 214-5
白金 140-1
バックウォルド、アート 29
パッシュ、グスタフ 137

ハッティ（現在のアナトリア） 83-4
バッハ、ヨハン・セバスティアン 74
パーティントン、ジェイムズ 166
バートン、リチャード 113
花の戦争（メシカの文化） 123
ハバート、M・キング 130, 135
ハバート曲線 135
ハピ（神） 23
バベルの塔 46
パリシー、ベルナール 93
バルサンティ、エウジェーニオ 132
パルテノン、アテネ 107-9
バルトルディ、フレデリック 15
ハーン、オットー 203
ハンティントン、サミュエル 159
パンテオン、ローマ 150-1
ハンニバル 75, 191
ビアス、アンブローズ 48
ピアリー、ロバート 86
東インド会社 171-2
翡翠 208-13
ヒスイ輝石 208-9, 212-3
砒素 48-51
砒素青銅 16, 51
ヒッポクラテス 96
ヒトラー、アドルフ 94, 130, 204, 206
碑文の神殿（マヤ） 213
百年戦争 182-6
ピューター 189
ビリス、アラン 118
広島 148, 202, 204-7
ファウラー水 51
フーヴァー、ハーバート 149
フェアバンク、ジョン 159
フェニキア商人 188-91
フェラン・アンド・コランダー社 77
フェリペ2世、スペイン国王 94, 113
フェルミ、エンリコ 203
フォード、ヘンリー 132-3
フォールズ、ヘンリー 65
普仏戦争 168

フライアッシュ・スラリー　68
プラチェット、テリー　63
プリニウス、大　30, 33, 162
ブリムストーン　192, 193
フリント　176-81
プルトニウム　146-9
ブレイク、ウィリアム　66, 70, 161
プレスコット、ウィリアム　124
プレスター・ジョン　30
ブレヒト、ベルトルト　130
ブロンボス洞窟、ケープ州　127
ヘイグ、ジョン　194
米西戦争　168
ペイディアス　79, 109
ベクレル、アントワーヌ　154, 202
ベーコン、フランシス　34
ヘシオドス　16-7
ベッセマー、ヘンリー　187
ヘテプヘレス1世、エジプト王妃　23
ベートーヴェン、ルートヴィヒ・ファン　74
ベドガー、ヨハン　90-1
ヘラクリウス、皇帝　52-3
ペリー（提督）、マシュー　146
ペリクレス　43, 106
ペルシア戦争　38-43
ベルティ、ガスパロ　101
ベルメタル（鐘青銅）　21
ヘロドトス　47, 116
ヘンリー8世、イングランド国王　25
ボイジャー1号　147
望遠鏡　162-3
ポウナム　209
火口箱　181
ホメロス：『イリアス』　19
ホール、チャールズ　28
ボルジア、チェーザレ　50
ボルジア、ルクレツィア　50
ホルスの息子　22
ポロニウム　154-5
ホワイトサンズ国定記念物　98
ボーンチャイナ　93

ポンパドゥール夫人　130

マ〜モ

マクアフティル　124
マクファーレン、アラン　159, 162-3
マッテウッチ、フェリーチェ　132
マーティン、ゲリー　159, 162-3
マーブル・アーチ　109
マヤ／古典期マヤ　60, 87, 121, 140, 180-1, 208-13
マリア・テレサ（マリー・テレーズ）、フランス王妃　113
マリー・アントワネット、フランス王妃　8
マルクス、ジークフリート　133
マレー、モンターギュ　33
マンスフィールド、ジョン　75
マンハッタン計画　148, 202, 204-5
ミイラ作り　22-3, 114-19
ミケランジェロ　108
ミジリー、トマス　144-5
水俣病　102
明礬　24-5
ムッソリーニ、ベニト　204
ムハンマド、預言者　52
紫水晶　153
メアリー1世、イングランド女王　113
メートル原器　140
メルクーリ、メリナ　106
モクテスマ2世　124
文字　15, 20, 60
モーツァルト、ヴォルフガング・アマデウス　74
モロシーニ、フランチェスコ　109

ヤ〜ヨ

焼き石膏　96-9, 217
ヤマハ　78
ヤング、グレアム　179
ユスポフ、フェリックス　113
鎧　19, 184-7

ラ〜ロ

ラザフォード、アーネスト　154
ラジウム　154-7
ラジトール　156-7
螺鈿　112
ラ・ブレア・タールピット、ロサンゼルス　53
ラムセス1世、ファラオ　115
ラムセス2世、ファラオ　116-7
ラモット伯爵夫人　8
リービヒ、ユストゥス・フォン　138
緑礬油　193
燐　136-9
燐顎　138
リンドバーグ、チャールズ　6
ルイ15世、フランス国王　8
ルンドストレーム、ユーアン・エドヴァルドとカール・フラン　137
レーウェンフック、アントニー・ファン　163
レントゲン、ヴィルヘルム　154, 202
ロアン枢機卿　8
ローザ、グレッグ　201
ローズ、ジョン・ベネット　138
ローズヴェルト、フランクリン・D　204
ロムルス・アウグストゥス　52, 142

ワ

ワシントン、ジョージ　76
ワシントン記念塔　28

索引　223

図版出典

4, 153	© J J Harrison | Creative Commons (CC)	
5&12	© Jonathan Zander	
6	© Vladvitek | Dreamstime.com	
7	© JVCD | Creative Commons	
8	© Apttone | Dreamstime.com	
11	© Gump Stump | Creative Commons	
13 Left	© Gerbil | Creative Commons	
13 Right	© Bullenwächter | Creative Commons	
14	© Eric Guinther | Creative Commons	
15	© Daniel Schwen | Creative Commons	
16	© Massimo Finizio | Creative Commons	
17	© Plismo | Creative Commons	
18	© Mountain | Creative Commons	
19 Top	© Editor at Large | Creative Commons	
19 Bottom, 70, 78, 209 Top, 177 Bottom	© Getty Images	
20	© Andrzej Barabasz | Creative Commons	
21	© Dave & Margie Hill | Creative Commons	
22	© P. Fernandes | Creative Commons	
23	© David Dennis | Creative Commons	
24, 51 Top, 188	© Dirk Wiersma | Science Photo Library	
25	© Dan Brady | Creative Commons	
26, 35, 37 Top, 40, 58 Top, 61, 64 Bottom, 133 Top, 136 Both, 143 Top, 172, 189 Top, 200 Bottom, 210	© Creative Commons	
27	© Steve Allen | Dreamstime.com	
29	© 2011 Bloomberg	
30, 51 Bottom, 56, 63 Top, 96 Both, 100, 140 Top, 145 Top, 152 Left, 191 Bottom, 196	© Rob Lavinsky, iRocks.com	
31	© Farbled | Dreamstime.com	
32 Bottom	© Mary Evans | The National Archives	
34	© Hannes Grobe	
36	© Jeany Fan | Creative Commons	
37 Top	GFDL | Creative Commons	
37 Bottom	© Manfred Heyde | Creative Commons	
38, 142, 198	© Heinrich Pniok | Creative Commons	
41 Top	© Armin Kübelbeck | Creative Commons	
41 Bottom	© Eigenes Bild | Creative Commons	
44	© Siim Sepp | Creative Commons	
45	© Petr Novák | Creative Commons	
46 Bottom	© Angelogila | Dreamstime.com	
47	© Andy Gilham | Creative Commons	
48	© Andrew Silver | Creative Commons	
52	© Mark Schneider	
53	© Carsten Tolkmit | Creative Commons	
54	© Jacopo Robusti Tintoretto	
58 Bottom	© Martin St-Amant | Creative Commons	
59	© Madman2001 | Creative Commons	
62	© David Monniaux | Creative Commons	
63 Bottom	© -wit- | Creative Commons	
64 Top	© Trevor Clifford | Science Photo Library (SPL)	
65	© Cupcakekid | Creative Commons	
66	© dgmata | istockphoto.com	
69 Top	© Tony Hisgett | Creative Commons	
72 Top	© Alan64 | Dreamstime.com	
72 Bottom	© Misszet | Dreamstime.com	
73, 103	© Parent Géry | Creative Commons	
76	© Saddako123 | Dreamstime.com	
79	© Dean Dixon | Art Libre 1.3	
81 Top, 199 Top	© LoKiLeCh | Creative Commons	
81 Bottom	© Artifacts | Creative Commons	
82	© Dendeimos | Dreamstime.com	
83 Bottom	© Dennis Jarvis | Creative Commons	
86, 168	© Geni | Creative Commons	
87 Bottom	© Derek Ramsey | GNU License 1.2	
88 Bottom	© Parksy 1964 | Creative Commons	
89	© Peter Hendrie	
90 Left	© Beatrice Murch | Creative Commons	
91 Left	© World Imaging | Creative Commons	
92	© Donkeyru | Dreamstime.com	
93 Top	© Charles Humphries | iStockphoto	
93 Bottom	© Marie-Lan Nguyen | CC	
94	© Daniel Schwen | Creative Commons	
95 Bottom	© Icefront | Dreamstime.com	
97	© ERproductions Ltd	
98	© David Jones | Creative Commons	
99 Top	© Eric Le Bigot | Creative Commons	
99 Bottom	© Lindom | Dreamstime.com	
101, 160 Bottom	© Sailko | Creative Commons	
102 Top, 109, 126 Right, 128, 158, 170, 182, 187 Bottom	© Dreamstime.com	
104, 154	© Astrid & Hanns-Frieder Michler | SPL	
105 Bottom	© David | Creative Commons	
106	© Luis Miguel Bugallo Sánchez	
108 Bottom	© David Gaya | Creative Commons	
110 Left, 157	© John Solie | iStockphoto.com	
110 Right	© =mc2 | Creative Commons	
112 Bottom	© Jasmin Awad | iStockphoto.com	
114	© Valery2007 | Dreamstime.com	
115 Top	© Rkburnside | Dreamstime.com	
116	© André | Creative Commons	
117	© Thutmoselll | Creative Commons	
118	© Manfred Werner | Creative Commons	
120	© Igorius | Dreamstime.com	
121	© Dea | G. Dagli Orit	
122, 211 Bottom	© Michel Wal | Creative Commons	
123 Top, 194 Top	© Mary Evans Picture Library	
123 Bottom	© Bildarchiv Steffens Henri Stierlin	
127	© Trzaska | Dreamstime.com	
131 Bottom, 156, 159 Bottom	© Rama | Creative Commons	
135	© Walter Siegmund | Creative Commons	
137	© Bryant & May | Creative Commons	
140 Bottom	© Zelfit | Dreamstime.com	
141	© Stahlkocher | Creative Commons	
144	© Willi Heidelbach | Creative Commons	
145 Bottom	© Science Photo Library	
148 Bottom	© Los Alamos National Laboratory	
150 Top	© Rekemp | Creative Commons	
150 Bottom, 151 Top	© Plotnikov | Dreamstime.com	
152 Right	© Christian Jegou | Science Photo Library	
155 Bottom	© Vitold Muratov | Creative Commons	
162	© Hans Bernhard | Creative Commons	
165 Bottom	© BabelStone | Creative Commons	
171	© Tomas Senabre | Creative Commons	
174	© Sushant Savla | Creative Commons	
176	© Andreas Trepte | Creative Commons	
177 Top	© Lillyundfreya | Creative Commons	
180 Top	© Nick Stenning | Creative Commons	
180 Bottom	© Opodeldok | Creative Commons	
181	© Theo V. Bresler | Creative Commons	
186	© Tifonimages | Dreamstime.com	
187 Top	© Spanish School | Getty Images	
189 Bottom	© Mariobonotto | Dreamstime.com	
190	© N P Holmes | Creative Commons	
193	© Peter Willi | Creative Commons	
195	© Jbroome69 | Dreamstime.com	
197	© Grundy | Getty Images	
202	© Thedore Gray | Science Photo Library	
205 Top	© Gamma-Keystone | Getty Images	
205 Bottom	© Vladvitek | Dreamstime.com	
207	© US Dept Of Energy | SPL	
208 Top	© efesan | iStockphoto.com	
208 Bottom	© Arpad Benedek | iStockphoto.com	
211 Top	© Simon A. Eugster | Creative Commons	
212	© Wolfgang Sauber | Creative Commons	
213 Top	© Jan Harenburg | Creative Commons	
213 Bottom	© John Hill | Creative Commons	
214	© Alchemist-hp | Creative Commons	
215 Bottom	© KMJ | Creative Commons	
217	© Luigi Chiesa | Creative Commons	